黄土丘陵区生物结皮盖度影响坡面产流产沙的动力机制

杨 凯 著

气象出版社
China Meteorological Press

内容简介

　　本书以黄土丘陵区不同盖度的生物结皮坡面为研究对象,采用模拟降雨、自然降雨监测结合稀土元素示踪等方法,研究不同盖度生物结皮对坡面产流产沙过程的影响,构建生物结皮盖度与坡面产流、水动力学参数以及产沙量之间的量化关系,辨析生物结皮对土壤分离、搬运、沉积过程的影响,明确生物结皮对坡面输沙过程的影响,揭示生物结皮盖度影响坡面产沙的动力机制,为修订考虑生物结皮的土壤侵蚀预报模型以及黄土高原退耕还林(草)工程水土保持效益评估奠定了基础。

图书在版编目（ＣＩＰ）数据

　　黄土丘陵区生物结皮盖度影响坡面产流产沙的动力机制 / 杨凯著. -- 北京 : 气象出版社, 2023.11
　　ISBN 978-7-5029-8097-9

　　Ⅰ. ①黄… Ⅱ. ①杨… Ⅲ. ①黄土高原－丘陵地－土壤结皮－影响－斜坡－土壤侵蚀－侵蚀产沙－研究 Ⅳ. ①S157

　　中国国家版本馆CIP数据核字(2023)第217145号

黄土丘陵区生物结皮盖度影响坡面产流产沙的动力机制

Huangtu Qiulingqu Shengwu Jiepi Gaidu Yingxiang Pomian
Chanliu Chansha de Dongli Jizhi

出版发行：气象出版社

地　　址：北京市海淀区中关村南大街 46 号	**邮政编码：**100081
电　　话：010-68407112(总编室)　010-68408042(发行部)	
网　　址：http://www.qxcbs.com	**E-mail：**qxcbs@cma.gov.cn
责任编辑：张锐锐　郝　汉	**终　审：**张　斌
责任校对：张硕杰	**责任技编：**赵相宁
封面设计：楠竹文化	
印　　刷：北京建宏印刷有限公司	
开　　本：710 mm×1000 mm　1/16	**印　张：**8.5
字　　数：200 千字	
版　　次：2023 年 11 月第 1 版	**印　次：**2023 年 11 月第 1 次印刷
定　　价：58.00 元	

前　言

　　黄土高原是我国水土流失最严重的地区之一，严重的水土流失导致生态环境恶化，影响和制约了当地经济的可持续发展。近年来，随着黄土高原退耕还林(草)工程实施，该区生物结皮平均盖度达到 $60\%\sim70\%$，显著影响坡面的水土流失。目前，虽有不少研究关注生物结皮对水土流失的影响，但鲜有研究关注不同盖度生物结皮对坡面产流产沙过程的影响，其影响机理不清，尚不能量化生物结皮盖度与坡面产流产沙之间的关系，是生物结皮水土保持功能研究的薄弱环节，影响了考虑生物结皮的土壤侵蚀模型的修订，亦妨碍了黄土高原退耕还林(草)工程水土保持效益的准确评估。为此，本研究以黄土丘陵区不同盖度的生物结皮坡面为研究对象，采用模拟降雨、自然降雨监测结合稀土元素示踪等方法，研究不同盖度生物结皮对坡面产流产沙过程的影响，构建生物结皮盖度与坡面产流、水动力学参数以及产沙量之间的量化关系，辨析生物结皮对土壤分离、搬运、沉积过程的影响，明确生物结皮对坡面输沙过程的影响，揭示生物结皮盖度影响坡面产沙的动力机制。

研究明确了不同盖度生物结皮坡面的产流产沙特征,构建了生物结皮盖度与坡面产流产沙的量化关系,明确了生物结皮对坡面土壤侵蚀产沙、搬运、沉积的贡献,揭示了生物结皮盖度影响坡面产沙的动力机制,为修订考虑生物结皮的土壤侵蚀预报模型以及黄土高原退耕还林(草)工程水土保持效益评估奠定了基础。

作　者
2023 年 8 月

目　　录

第 1 章

绪　论

1.1　研究背景、目的及意义

土壤是人类赖以生存的自然资源之一,土壤质量对于粮食生产和生态环境至关重要(赵其国 等,2015)。然而,作为地球生态环境的重要组成部分,土壤一直面临着巨大的威胁。随着人口的增长和气候的变化,土壤侵蚀导致了严重的土壤退化,给粮食安全、生态环境和社会经济发展等方面带来了严重的危害(郑粉莉 等,2010;Thomaz et al.,2017)。2019 年,世界土壤日的主题"阻止土壤侵蚀,拯救我们的未来"表明,土壤侵蚀已成为全世界普遍关注,并且关系到人类生存发展的重要问题。

黄土高原是我国土壤侵蚀及水土流失最为严重的区域之一,严重的水土流失不仅导致土壤质量退化、生产力下降,而且造成了下游河道淤塞,加剧了洪涝灾害,导致生态环境恶化,严重影响和制约当地经济的可持续发展。因此,水土流失是黄土高原长期以来备受关注的环境问题(刘宝元 等,2018;傅伯杰 等,2002)。

生物土壤结皮(生物结皮)是由生长于土壤表层和近地表数毫米内的蓝绿藻、苔藓、地衣、真菌,以及许多景观中常见的其他非维管植物成分与土壤复合而形成的具有生命活性的复杂复合体(Belnap et al.,2016)。生物结皮是干旱半干旱区普遍存在的生物地被物,对土壤水分、养分及抗侵蚀性等具有重要影响(高丽倩 等,2012;杨巧云 等,2019;Belnap et al.,2003a),对水土流失防治及退化生态系统的恢复具有重要意义。近年来,随着黄土高原退耕还林(草)工程的实施,生物结皮在该区广泛发育,平均盖度达到 60%~70%,甚至更高(赵允格 等,2006;王一贺 等,2016),显著影响坡面水土流失过程。改变坡面水土流失格局(Zhao et al.,2013),是退耕后坡面、流域乃至区域水土流失变化的重要诱因。明确生物结皮坡面水土流失规律,量化评价生物结皮对坡面水土流失的影响,是黄土高原退耕还林(草)工程水土保持效益评估的国家需求。

已有研究表明,生物结皮的发育显著增强了土壤稳定性(Belnap et al.,2016;Gao et al.,2017)。发育早期的生物结皮主要通过改善土壤理化属性、增加土壤的抗蚀性,发育后期的藓结皮则主要通过覆盖作用提高了土壤的抗蚀性(高丽倩,2017;Bowker et al.,2008)。同时,生物结皮本身是水稳性极强的层状结构(杨凯 等,2012),随着生物结皮的演替,生物结皮层自身以及下层团聚体的稳定性也随之显著提高(杨凯 2013;Yang et al.,2022)。Zhao 等(2013)的研究结果表明,生物结皮的覆盖能够有效削减降雨动能,减少雨滴对土壤的溅蚀。目前,国内外的专家学者以大小不一的生物结皮径流小区为研究对象,通过降雨试验或放水冲刷试验发现,生物结皮覆盖的小区较无结皮小区坡面的产沙量显著变少(肖波 等,2008;Chamizo et al.,2017;Zhao et al.,2013)。Gao 等(2020)的研究发现,在缺少植被覆盖的作用时,完整覆盖的藻结皮发育至藓盖度大于 35% 时即可完全控制坡面土壤流失。生物结皮盖度的变化也显著影响了坡面土壤流失。石亚芳等(2017)通过模拟降雨试验发现,与 70% 盖度的生物结皮坡面相比,去除生物结皮坡面的侵蚀模数增加了 10 倍。Chamizo 等(2017)发现,去除生物结皮的小区较生物结皮覆盖的小区产沙量增加了 20~60 倍。Eldridge(2003)的研究表明,土壤侵蚀量和生物结皮盖度呈负相关,土壤侵蚀量随着生物结皮盖度从 0% 增加到 100% 减少了近两个数量级。秦宁强等(2011)通过放水试验发现生物结皮与裸土相比可以显著降低径流侵蚀动力、增加坡面阻力,从而减少了坡面产沙。综上所述,生物结皮在减少土壤流失方面的作用已经得到了全球专家学者的广泛认可,目前的研究已明确,生物结皮从内因和外因两方面影响了坡面土壤流失,一方面,生物结皮显著提高了土壤的自身抗蚀性,从而减少了坡面土壤流失;另一方面,生物结皮的覆盖作用影响了径流的侵蚀动力及坡面阻力,降低了坡面的产沙量。但目前水土流失过程中,径流侵蚀动力以及坡面阻力对生物结皮盖度变化的响应仍不明确,生物结皮盖度与坡面土壤流失的量化关系尚不清楚;此外,目前关于生物结皮坡面水土流失的研究几乎都是将生物结皮小区当成黑箱研究的,主要关注小区出水口的径流泥沙量,而对降雨过程中生物结皮坡面的土壤侵蚀过程研究甚少,生物结皮在土壤分离、搬运、沉积过程中的贡献尚不明确。

鉴于生物结皮对土壤侵蚀的显著影响,不少学者建议将生物结皮列入土壤侵蚀预报模型中的影响因子,以提高土壤侵蚀预报的准确性。但由于目前对生物结皮影响水土流失过程影响机理了解的不足,制约了考虑生物结皮的土壤侵蚀预报模型的修订,影响了生物结皮坡面的土壤侵蚀预报的精准度。为此,明确不同盖度生物结皮坡面水土流失规律,构建生物结皮盖度与坡面水沙的量化关系,揭示生物结皮盖度影响坡面水土流失过程的机理,是修订考虑生物结皮土壤侵蚀预报模型的理论基础,对提高生物结皮坡面土壤侵蚀预报的准确性以及黄土高原退耕还林(草)工程水土保持效益的准确评估具有重要意义。

1.2 国内外研究进展

生物土壤结皮(生物结皮)是由生长于土壤表层和近地表数毫米内的蓝绿藻、苔藓、地衣、真菌以及许多景观中常见的其他非维管植物成分与土壤复合而形成的具有生命活性的复杂复合体(Belnap et al.,2016)。生物结皮最早在 20 世纪 40 年代引起关注(Booth,1941;Fletcher et al.,1948)。然而,直至 20 世纪 90 年代,关于生物结皮的研究仍局限于少数国家和地区,如美国、澳大利亚和以色列等(Booth,1941;Fletcher et al.,1948;Warren et al.,2003)。最近 20 a 来,由于人们对干旱半干旱区生态环境的重视,生物结皮及其生态功能掀起了一个研究高潮(李新荣 等,2009;赵允格 等,2010;张元明,2005;Belnap et al.,2013a)。国内外学者在生物结皮的组成、演替、分布,生物结皮对土壤理化属性以及坡面水土流失的影响等方面展开了大量研究,取得众多有价值的进展,综述如下。

1.2.1　生物结皮组成、演替及分布特征

根据生物结皮的组成,生物结皮类型分为藻结皮、地衣结皮、藓结皮以及混生结皮等。一般来讲,生物结皮的形成和演替基本遵循从简单到复杂、从低等到高等的演化进程(张元明 等,2010)。生物结皮的初级阶段为藻结皮阶段,藻类植物通过菌丝体的机械束缚作用以及胞外分泌物的胶结作用形成具有一定抗外力干扰的层状结构。地衣、苔藓类植物在土壤上定殖以后,形成了更高级阶段的地衣结皮和苔藓结皮。这一阶段的生物结皮发育较完善,结构稳定性也最强。根据生物结皮分布区域的水分条件的不同,生物结皮演替的路线大致可以分为两条。国外干旱区的研究最早提出了生物结皮的演替顺序依次为藻结皮、地衣结皮、苔藓结皮(Belnap et al.,2003a;Lange et al.,1992;Zaady et al.,2000)。我国沙坡头地区也发现了类似的演替顺序,腾格里沙漠的生物结皮沿着"藻结皮、藻-地衣结皮、地衣结皮、地衣-苔藓结皮、苔藓结皮"的演替路线,从藻结皮向苔藓结皮演替。当水分条件较好时,生物结皮的演替顺序会发生变化,生物结皮的演替可以从藻结皮阶段直接跳至藓结皮阶段,演替路线变为"藻结皮、藻-藓结皮、地衣-藓结皮"(Lan et al.,2012;胡春香 等,2003;高丽倩,2017)。黄土高原半干旱半湿润区的调查发现,退耕不到 1 a 时,退耕地地表即可形成大面积的藻结皮;随着退耕年限的增加,生物结皮逐渐演替,退耕约 5 a,生物结皮即可发展成为以藓结皮为主的阶段,藓结皮与藻结皮盖度均为 40% 左右;退耕 8~10 a 时,该区的生物结皮则进入稳定期或成熟期,生物结皮的组成种类和数量均趋于稳定(赵允格 等,2006;高丽倩,2017)。

生物结皮广泛分布于世界各个气候区(Belnap,2003a)。由于构成生物结皮的藻类、地衣及苔藓等组分多为耐干旱的变水植物,对光温条件耐受范围也较宽,生物结皮在干旱半干旱区分布尤为广泛,如北美的科罗拉多高原、莫哈韦沙漠地区,澳大利亚的维多利亚大沙漠,以色列的内盖夫沙漠(Belnap et al.,2016;Eldridge et al.,2006;Kidron et al.,2012)以及我国西北的腾格里沙漠、古尔班通沙漠、毛乌素沙地以及黄土高原等大部分地区,其最大盖度可达 70% 以上(李新荣 等,2001a;赵允格等,2006;张元明,2005;卜崇峰 等,2014)。

生物结皮的分布主要受气候、土壤、地形、生物等一系列环境条件影响。从全球尺度来看,生物结皮的分布主要由气候因子所决定,如降水量、温度、光照等(Bowker et al.,2010)。在极端干旱区,如内盖夫沙漠、科罗拉多沙漠地区,生物结皮主要以低生物量的藻结皮(蓝藻、真菌等)为主(Kidron et al.,2012);随着降水量的增加,在干旱区,生物结皮通常以藻结皮为主,并伴随有一定生物量的苔藓及地衣结皮(Pietrasiak et al.,2011);而在水分条件更好的半干旱区,如美国的科罗拉多高原和我国黄土高原水蚀区,成熟的生物结皮则以藓结皮和地衣结皮为主(Ponzetti et al.,2001;赵允格 等,2006)。

在更小的尺度上,生物结皮的分布更受地形、土壤和生物因素的影响。干旱区的研究表明,藻类生物结皮多分布于结构差的沙土上,而藓结皮和地衣结皮则在 pH 值较高的钙质土壤上发育较好。地形包括坡向及不同坡位对生物结皮的分布也有一定的影响。沙漠地区,沙丘顶部和中部的生物结皮以生物量较低的藻结皮为主,而在沙丘底部由于径流的汇集,则分布有发育良好的藓结皮和地衣结皮(Kidron,1999)。黄土高原的研究表明,退耕坡地上的生物结皮盖度变化范围为 55%～80%。坡度、坡位以及坡向对生物结皮的分布影响显著。藻结皮和藓结皮主要分布在缓坡,地衣结皮在陡坡分布较多。藓结皮主要分布在坡底和阴坡,而藻结皮主要分布在上坡位和阳坡(高丽倩,2017)。

1.2.2　生物结皮对土壤理化性质的影响

生物结皮在干旱半干旱区广泛分布,其形成和发育显著影响了土壤理化属性,进而影响了土壤的生态功能,如土壤稳定性、水分入渗、养分循环等,是干旱半干旱区生态系统不可或缺的组成部分。近年来,国内外专家在干旱半干旱区生物结皮对土壤理化属性的影响方面进行了大量研究,主要成果和进展如下。

1.2.2.1　生物结皮对土壤物理性质的影响

生物结皮发育过程对土壤物理性质,如土壤质地、容重、黏结力等有显著影响,进而对坡面水土流失有着极为重要的影响。生物结皮对与水土流失密切相关的土壤物理性质影响的研究已有大量报道,具体研究进展如下。

(1)土壤质地

生物结皮对各地区土壤质地的影响较为一致。生物结皮的发育可以显著增加结皮层土壤细颗粒的含量(Belnap,2003b;高丽倩,2017)。生物结皮一方面可以通过胞外分泌的有机物质黏结土壤中的细颗粒,另一方面可以捕获空气和径流中的细颗粒(Eldridge,2003)。同时,生物结皮的发育稳定了表层土壤,从而减少了土壤细颗粒的流失。黄土高原的研究表明,生物结皮与裸土相比显著增加了粘粒和细粉粒的含量(肖波 等,2007;高丽倩,2017)。我国沙漠地区的研究也发现了类似的结果(李新荣 等,2009;郭轶瑞 等,2007)。库布齐沙漠地区的研究发现,随着生物结皮的发育演替,表层土壤的粘粒与粉粒含量逐渐增加,砂粒含量逐渐减少。与该地区的流沙相比,藻结皮土壤中的粘粒含量增加了 16.4~17.7 倍,粉粒含量增加了 34.9~37.2 倍。藓结皮土壤中的细颗粒增加幅度更大,土壤中粘粒含量增加了 51.2~52.9 倍,粉粒含量增加了 65.4~67.5 倍(吴丽 等,2014)。

(2)土壤容重

土壤容重是衡量土壤紧实度的指标(高丽倩,2017),也是评估土壤抗侵蚀能力的重要指标。赵允格等(2006)在黄土高原的研究发现,生物结皮层土壤容重随着生物结皮的演替先增加后降低,相较于当地的坡耕地,发育早期的藻结皮土壤容重显著增加,而演替后期成熟的藓结皮的土壤容重则显著降低。高丽倩(2017)也发现了类似的结果,发育初期的藻结皮容重为 1.29 g · cm^{-3},显著高于坡耕地的土壤容重,这可能是由于在退耕初期,土壤在自然重力作用及降雨、踩踏等其他外力作用下逐渐沉实,导致发育早期的藻结皮容重较大。随着藓生物量增加,土壤容重显著降低,这可能是由于生物结皮中微生物的作用以及有机质含量增加改善了土壤结构,从而降低了土壤容重。肖波等(2007)在该区的研究表明,生物结皮在砂质土壤上对土壤容重的影响大于砂质壤土。

(3)土壤黏结力

土壤黏结力是指土壤颗粒之间相互作用、胶结的能力(朱祖祥,1983),是表征土壤抗侵蚀性的指标之一。生物结皮中微生物的胞外分泌物对表层土壤颗粒的黏结以及菌丝体和假根系对土壤颗粒的捆绑作用增加了结皮层土壤黏结力(张元明,2005;赵允格 等,2006)。高丽倩(2017)的研究结果表明,生物结皮层的土壤黏结力是其下层土壤的 6~7 倍。随着生物结皮的发育、结皮生物量的增加,藓结皮的土壤黏结力显著高于藻结皮。

(4)土壤持水性

土壤持水性指土壤所能保蓄水分的能力。一方面,生物结皮通过影响土壤颗粒组成、改善土壤孔隙度,从而影响表层土壤的持水性(张培培 等,2014);另一方面,结皮生物,主要依靠藓类和地衣类生物的大比表面的特性,可极大吸收、滞纳水分,当生物结皮湿润时,苔藓的叶片展开,可增加覆盖度,更利于水分的传导吸收。结皮生物胞外分泌物也是影响生物结皮持水性的因素之一,有研究报道胞外分泌物可吸收超过自身 50 倍重量的水分(Chenu,1993)。生物结皮的持水性与其组成以及演替有关,研究表明,藻结皮、地衣结皮、藓结皮的持水能力依次增强(Li et al.,2008)。生物结皮的持水性往往会影响土壤水分的再分布,尤其在降雨较少的干旱区,生物土壤结皮的发育能够改善表层土壤的水分有效性,有利于浅根植物和小型土壤动物的恢复和繁衍(王新平 等,2006)。

（5）土壤斥水性

斥水性是指水分不能或很难湿润土壤表面的现象（Wessel,1988）。生物结皮影响土壤斥水性的原因主要为以下两种：一是生物结皮中的微生物可以在结皮表面分泌具有疏水性的有机物质，在结皮干燥的时候，水分子的内聚力强于水分子与结皮表面之间的黏附力，表现为水滴与结皮表面的接触角较大，长时间不能入渗。二是生物结皮湿润后，结皮中的微生物分泌胞外多糖等有机物质遇水膨胀，堵塞了土壤空隙，导致水分渗透性下降（Kidron et al.,2003；张培培 等,2014）。同时，生物结皮的斥水性与其发育有关，发育后期的藓结皮的斥水性小于藻结皮。因此，不同类型的生物结皮的斥水性差异也会影响降雨过程中坡面的产流时间和产流量（Kidron et al.,2003；Xiao et al.,2019）。

1.2.2.2　生物结皮对土壤化学性质的影响

（1）土壤有机质

土壤有机质是土壤中所有含碳的有机物质，其对土壤结构、渗透性、抗侵蚀性有显著影响。生物结皮的光合作用可以显著增加表层土壤有机质含量（Zhao et al.,2010；李新荣 等,2009；张元明,2005）。因此，生物结皮对干旱半干旱区的养分循环有着不可忽视的作用。此外，生物结皮的固碳能力与其发育程度有关。与蓝藻结皮相比，地衣和苔藓结皮具有更高的光合活性，为前者的 2.4～7.5 倍（Lan et al.,2017）。黄土高原的研究也发现了类似的结果，发育后期的藓结皮有机质含量是藻结皮的 1.6 倍（高丽倩,2017）。腾格里沙漠的研究发现,蓝藻结皮的年固碳量为11.36 g(C)·m^{-2}·a^{-1},地衣-苔藓生物结皮的年固碳量为 26.75 g(C)·m^{-2}·a^{-1}（Li et al.,2012）。从全球范围看,生物结皮每年的固碳量约为 3.9 Pg,相当于陆地植被净初级生产力的 7%（Elbert et al.,2012）。

（2）土壤氮

生物结皮主要通过具有固氮功能的蓝藻和地衣来固氮，以增加土壤氮含量。生物结皮中主要的固氮蓝藻类型包括具鞘微鞘藻、伪枝藻及念珠藻等，主要的固氮地衣为胶衣属。各种类型的生物结皮固氮能力排序一般为藻结皮＞地衣结皮＞藓结皮（苏延桂 等,2011）。Belnap(2002)在美国犹他州的研究表明,生物结皮每年通过固氮作用向土壤投入的氮量可达 1.4～13 kg·hm^{-2};Zhao 等(2010)在我国黄土丘陵区的研究发现,藓结皮和藻结皮退耕地上每年积累的氮素量分别可达 4 kg·hm^{-2}和 13 kg·hm^{-2}。

（3）土壤磷

大部分的蓝藻、绿藻、地衣及苔藓会分泌磷酸酶水解有机磷,并释放到土壤中（Sinsabaugh et al.,2008）。生物结皮中的真菌分泌的有机酸,包括草酸、氨基酸等,也可以溶解难利用的磷酸盐,从而增加土壤中的速效磷（Belnap et al.,2003b；

Quiquampoix et al.,2005)。赵允格等(2006)在黄土高原地区的研究发现,农田退耕后,随着生物结皮的发育,土壤速效磷含量迅速增加,而全磷含量无明显变化。生物结皮的发育可使土壤中的磷酸酶活性和有机质含量增加、pH 值降低,进而使生物结皮土壤中磷素的有效性增加(张国秀 等,2012)。

1.2.3　生物结皮对坡面水土流失的影响

在缺少维管植物覆盖的干旱半干旱区,降雨引起的土壤侵蚀是导致土地严重退化的主要原因之一。因此,干旱半干旱区的水土流失一直以来都是全球学者重点关注的问题。生物结皮对坡面水土保持的显著作用已在全球各干旱半干旱区得到证实,主要取得以下进展。

1.2.3.1　生物结皮对土壤结构的影响

国内外大量的研究表明,生物结皮可显著提高土壤团聚体的数量和稳定性(Eldridge et al.,1994;Zheng et al.,2011)。例如,Bailey 等(1973)发现藻类或蓝藻生物结皮增强了土壤的聚集性。之后的一些研究表明,结皮生物的胞外分泌物可以将其土壤颗粒黏结在一起,并通过自身的菌丝体和假根系的机械束缚作用将易被侵蚀的微团聚体(直径<0.25 mm)合成更稳定的大团聚体(直径>0.25 mm)(Belnap et al.,2008;Malam et al.,2007;Tisdall et al.,1982)。Belnap(2003b)研究表明,苔藓和地衣结皮可通过其菌体(如根状体和原丝体)稳定更深层的土壤结构。不同区域的研究结果均证实了生物结皮增加了土壤结构体的稳定性。Greene 等(1990)通过电镜扫描提供了微形态学证据,生物结皮土壤中的微生物通过黏胶状的胞外分泌物将生物结皮的有机体与矿物颗粒黏结,并进一步形成球状的团聚结构。这种复杂的土壤结构体稳定性极强,可有效地减少风蚀和水蚀。张元明(2005)通过电镜扫描等手段研究了新疆古尔班通古特沙漠的生物结皮结构,指出随着恢复年限的增加,生物结皮中丝状藻体的出现显著增加了生物结皮的抗压强度。杨凯等(2012)在黄土高原的研究中发现生物结皮本身具有水平方向上水稳性特别强的层状结构,在水中震荡 930 次后,生物结皮面积只损失了 4.8%。同时,随着生物结皮的演替,藓生物量的增加,生物结皮甚至可使下层 0~5 cm 土壤水稳性团聚体的数量和稳定性增加,与耕地土壤相比,顶级发育的藓结皮最高可提高下层土壤团聚体稳定性的 6.3 倍(Yang et al.,2022)。

1.2.3.2　生物结皮对入渗产流的影响

生物结皮对土壤水分、养分等其他理化属性及抗侵蚀性等具有重要的影响。生物结皮由于微生物分泌物黏结、假根系/菌丝体的捆绑束缚作用,会形成水平方向极其稳定的层状结构。生物结皮的发育也会显著影响土壤表面特性,如粗糙度、持水性、斥水性等(王媛 等,2014;张培培 等,2014)。表层土壤在水分循环中扮演重要的角色,如降水入渗、地表径流等过程均以表层土壤为介质发生和转化,因此,生物结皮的发育会影响水分入渗和坡面产流。就此,国内外已开展了大量研究,但目前所得结论仍存在较大分歧。一些研究认为,生物结皮延长了水分在地表的停滞时间,促进了入渗。Galun 等(1982)在以色列沙漠地区的研究发现,蓝藻地衣几分钟内即可吸收其本身干重或体积3~13倍的水分,进而降低产流。在澳大利亚的研究结果证明生物结皮改善了下层土壤结构,增加了水分入渗,降低了坡面产流(Eldridge,1993)。肖波等(2008)通过对接种生物结皮的砂质壤土进行1 h的人工降雨发现,接种生物结皮的坡面较无生物结皮坡面减少了49%~64%的径流量。

另有研究认为,生物结皮堵塞了地表土壤孔隙,导致入渗减少、径流增加(Kidron et al.,2003)。Rodríguez-Caballero 等(2014)在西班牙南部通过研究自然降雨下生物结皮坡面上的径流发现,生物结皮的存在增加了坡面径流量。李新荣等(2001b)在沙坡头人工植被固沙区监测了自然降水后生物结皮的湿润峰,结果表明生物结皮可降低水分入渗率。Zhao 等(2014)在黄土高原地区通过15 min 放水试验研究藻结皮和藓结皮对坡面产流的影响,发现生物结皮较无生物结皮坡面增加了10%~15%的径流量。

除此之外,还有研究认为,生物结皮对入渗无明显作用。Booth(1941)使用高强度耐压水管喷洒藻结皮和无藻结皮的样方,试验结果表明,藻结皮和无藻结皮样方上的入渗率无明显差异。Eldridge 等(1997)认为,在生物结皮发育良好的地区,下层土壤的大空隙对水分入渗的影响占绝对优势,生物结皮的影响微不足道;而在生物结皮缺失的地区,地表土壤缺乏大孔隙,水分入渗率本来就低。因此,有研究者认为,生物结皮对入渗的影响应归因于土壤物理性质、水分进入土壤通道的不同以及地表侵蚀史的差异,而非生物结皮。综上所述,国内外专家学者关于生物结皮对水分入渗及径流的影响已经取得不少成果,但由于研究对象和试验方法的不统一,尚未取得一致的结论。

1.2.3.3 生物结皮对土壤流失的影响

生物结皮主要通过结皮生物分泌物黏结、假根系/菌丝体的捆绑束缚作用形成水平方向极其稳定的层状结构(胡春香 等,2003;张元明,2005;杨凯 等,2012),进而增强了土壤抗雨滴侵蚀能力,其增强程度与生物结皮的组成和盖度有关(Eldridge et al.,1994)。在黄土高原,已有研究表明,生物结皮能够有效削减降雨动能,减少雨滴对土壤的击打。藻结皮和藓结皮抗雨滴侵蚀能力分别高达裸土的15倍和342倍(Zhao et al.,2014)。生物结皮还可以显著增强土壤的抗冲性。冉茂勇等(2011)对生物结皮抗冲性进行了研究,结果表明藓结皮盖度大于50%时,径流的冲刷作用可完全被抵消。高丽倩(2017)的研究则表明,生物结皮除了通过覆盖作用稳定土壤以外,还能够通过改变土壤属性降低土壤可蚀性,减少土壤流失量。Zhao 等(2013)在黄土高原采用放水冲刷试验探究了微小区尺度(0.4 m×1 m)藻结皮和藓结皮对坡面径流和泥沙的影响。Rodríguez-Caballero 等(2015)在西班牙通过监测自然降雨下生物结皮坡面产流产沙特征,证实生物结皮覆盖的坡面土壤流失量显著降低。Knapen 等(2007)发现演替后期的苔藓结皮抑制土壤分离的能力为演替早期藻类结皮的 2 倍。与裸地相比,苔藓结皮和藻类结皮土壤分离能力分别减小 89.8% 和 69.2% (Liu et al.,2016)。Wang 等(2014)对黄土高原的研究指出土壤分离能力与生物结皮厚度、发育程度呈负指数关系。

前人的多项研究发现,生物结皮盖度是影响坡面土壤侵蚀的重要因素。当生物结皮盖度较高时,发育只有 4 a 的藻结皮即可较无结皮覆盖的土壤降低 92% 产沙量(Zhao et al.,2013)。高丽倩(2017)的研究也得到了相似的结果。Chamizo 等(2017)发现去除生物结皮的小区较生物结皮覆盖的小区产沙量增加了 20~60 倍。Eldridge(2003)的研究表明,土壤侵蚀量和生物结皮盖度呈负相关,生物结皮盖度从0% 增加到 100%,土壤溅蚀量减少了近两个数量级。黄土高原的研究也取得了类似的结果,肖波等(2007)通过野外自然降雨监测发现生物结皮小区较无结皮小区可降低 1/3 到 2/3 的泥沙量。杨凯等(2019)通过野外模拟降雨试验发现生物结皮小区较裸土小区降低了 52.4% 的径流量。Gao 等(2020)的研究发现,当完整覆盖的藻结皮发育至藓盖度大于 35% 时,土壤流失微乎其微,但径流依然稳定产生。叶菁等(2015)通过野外降雨监测试验发现,翻耙后的生物结皮对泥沙量有显著影响。石亚芳等(2017)通过模拟降雨试验发现,生物结皮受到干扰后会显著增加坡面产沙量。与 70% 盖度的生物结皮坡面相比,去除生物结皮坡面的侵蚀模数增加了 10 倍。尽管目前生物结皮盖度变化对坡面产沙的研究已表明,坡面水土流失与生物结皮盖度有很大的相关性,但前人的研究主要集中在单一类型的完整的生物结皮或少数盖度梯度的生物结皮对坡面产沙的影响,生物结皮盖度与坡面产沙量的量化关系并不清楚。

1.2.3.4　生物结皮格局对产流产沙的影响

景观格局和水土流失过程关系密切。景观格局主要通过土地利用、植被格局及其时空变化影响蒸散发、截留、地表径流、水分入渗和地下水形成等过程,进而对产汇流过程及伴随的土壤侵蚀产生影响(傅伯杰 等,2010)。在流域尺度上,土地利用是景观格局时空演变的直接驱动,也是地表许多生态过程演化的重要因素;流域侵蚀产沙及泥沙输移过程除了受降雨、植被、土壤等因素影响外,与流域土地利用时空格局同样密切相关(王计平 等,2011)。而在坡面尺度上,植被斑块的几何形状、镶嵌结构和分布位置则是影响景观格局的主要因素。目前,在坡面尺度上关于景观格局和水土流失间的关系的研究主要集中在高等维管植物的植被类型、覆盖度、坡度和降雨因素对产流量、产沙量、水分入渗及土壤水分含量的影响。

　　生物结皮作为黄土高原广泛分布的地表覆被物,显著影响了坡面水土流失过程。而位于地表的生物结皮,对放牧、人为踩踏、耕作以及火烧等野外常见的干扰极为敏感(杨雪芹,2019)。这些干扰不仅会导致生物结皮盖度降低(梁少民 等,2005;Belnap,2003a),而且不同的干扰也会导致生物结皮在坡面的分布格局发生改变。比如放牧踩踏后留下的羊道形成的条带状分布格局,人工造林产生的鱼鳞坑形成的棋盘状分布格局,以及其他不明原因的干扰形成的随机分布格局。余韵(2014)的研究发现,生物结皮在坡面上、下分布的差异显著影响了坡面产流产沙,其格局在黄土侵蚀区的水土流失中起着重要作用。在此基础上,吉静怡等(2021a)在黄土高原的研究中发现随机分布的生物结皮坡面较带状、棋盘状格局的生物结皮坡面的减沙效果更加明显。生物结皮坡面的景观分布特征可以由生物结皮斑块占景观比例(PLAND)、斑块连接度(COH)、景观形状指数(LSI)、斑块密度(PD)和分离度(SPL)这五个指标较全面地表征。

1.2.3.5 生物结皮对坡面水动力特征的影响

(1)水流动力学参数与坡面产沙的关系

　　坡面径流的流态,涉及径流以什么形式运动及动力耗散机制,是分析径流侵蚀机理的首要工作。雷诺数(Re)是判别坡面流流态的参数,当 $Re<500$ 时,水流为层流;当 $Re>500$ 时,水流处于紊流状态。通常情况下,Re 的增加直接导致坡面片蚀量的增加(肖培青 等,2009)。水流流动的缓流、临界流和急流,常采用弗劳德数(Fr)判别。当 $Fr<1$ 时,水流为缓流;当 $Fr>1$ 时,水流为急流状态。Fr 越大,表明坡面径流挟沙能力和剪切力越大。DePloey 等(1976)认为,径流水动力的增加是细沟发生的重要原因,当坡面径流的弗劳德数为 2～3 时,细沟发育的概率很大。张科利等(1998)的研究认为 $Fr \geq 1$ 是细沟发生的水动力临界值。

　　许多研究者认为,坡面水流侵蚀力与径流流速、水流剪切力、水流功率等参数相关。Nearing 等(1989)认为,细沟水流的冲刷力可用水流的切应力大于土壤临界切应力以及输沙能力大于实际输沙量的概念来确定,即美国 WEPP 模型的物理基础。澳大利亚的 GUEST 模型采用了水流功率模拟土壤侵蚀;在欧洲的 EROSEM 和LISEM 模型中,径流的分离能力则被定义为与单位水流功率相关的函数。张光辉(2005)在黄土高原通过放水试验发现,相比于水流剪切力,水流功率更能准确地模拟土壤分离过程。

　　径流在坡面上流动,必然会受到阻力作用。水流所受阻力的大小不仅直接影响径流速度,而且还关系到径流对土壤的有效侵蚀力。从能量角度分析,水流阻力主要来自泥沙颗粒本身对水流的阻碍作用、坡面表面形态对水流的阻碍作用、降雨产生的阻力以及径流本身所挟带泥沙量的影响(姚文艺,1996;李占斌 等,2008;刘青泉 等,2004)。在实际应用中,坡面径流阻力一般采用明渠水流阻力的概念和表达方法,主要采用达西-韦斯巴赫(Darcy-Weisbach)阻力系数来反映(李占斌 等,2008)。许多学者习惯基于 Re 来研究坡面流阻力,即径流阻力与径流流态有关。同时,降雨可以增加坡面流阻力。Yoon 等(1971)发现在层流状态下,降雨条件下的坡面流阻力要比非降雨条件下的大。Emmett(1978)比较了降雨和均匀流情况下的阻力规律,发现降雨条件下的阻力是均匀流阻力的 2 倍。姚文艺(1996)的研究发现,当坡度较大时,坡度对阻力系数有明显的影响。Abrahams 等(1998)发现水流中的泥沙可使水流阻力增大,当水流中输沙量达到输沙能力的 87% 时,由输沙引起的输移阻力可占水流阻力系数的 28.8%。张光辉等(2010)研究了陡坡条件下含沙量对径流阻力的影响,也发现了类似的结果,阻力系数随含沙率增加呈幂函数增加。

(2)生物结皮对水流动力学特征的影响

生物结皮的形成和发育影响了表层土壤的理化属性、稳定性以及粗糙度,并进一步影响了坡面径流的水动力学特征。冉茂勇等(2011)与李林等(2015)的研究发现,藓结皮和藻结皮小区的径流流速与裸土小区相比分别降低了 67.3% 和 29.1%;浅色藻结皮小区的径流系数是深色藻结皮小区的 2.44 倍,而藓结皮小区在试验期间没有径流产生;可见,结皮盖度越大,发育程度越高,土壤抗冲性越强。秦宁强(2012)通过放水冲刷试验发现,生物结皮相较于裸土可显著降低径流侵蚀动力,增加坡面阻力,从而减少坡面产沙。吉静怡等(2021b)通过室内降雨试验对带状、棋盘和随机三种分布格局下的水动力学特征进行了对比,发现随机格局对坡面侵蚀动力的影响最大。杨凯等(2019)通过模拟降雨试验发现,生物结皮坡面较裸土坡面显著降低了 Fr,生物结皮的覆盖将径流的流态从急流变为缓流,显著减少了土壤侵蚀。

目前,国内外学者已经在坡面水动力学方面进行了深入、系统研究,并取得了大量有价值的研究成果,但关于生物结皮对坡面径流水动力特征影响的研究仍然较少,当生物结皮盖度变化时,坡面径流的水动力特征如何响应尚不清楚。同时,生物结皮盖度变化也必然会导致结皮斑块的分布格局发生变化,进而影响径流的水动力特征。生物结皮盖度变化引起的分布格局差异如何影响径流阻、动力,继而如何影响坡面产沙,目前仍缺乏认识,这是目前生物结皮盖度对坡面水土流失过程影响机理研究的不足之处,还需要进行更深入的探索。

1.3 研究存在的问题

综上所述,针对生物结皮对土壤侵蚀及水土流失影响的研究取得了很多成果,生物结皮对土壤抗蚀性的影响及机理、完整的生物结皮对土壤渗透性及产汇流的影响,以及生物结皮盖度改变对生物结皮水土保持功能的影响已经明确。然而,研究中也存在诸多的问题和不足,需要进一步研究和完善,主要表现在以下方面。

(1)盖度是影响生物结皮生态功能的重要因素,根据已有的生物结皮对产沙产流影响的研究,生物结皮的覆盖会显著降低坡面产沙,生物结皮盖度的降低会显著增加坡面产沙量。但目前对生物结皮水土流失影响的研究主要集中在完整的生物结皮坡面或少数盖度梯度的生物结皮坡面,缺少生物结皮盖度变化对坡面水土流失影响的定量化研究,制约了考虑生物结皮土壤侵蚀预报模型的修订。

(2)坡面径流是土壤坡面侵蚀的动力因子,径流的水动力学特征直接影响了坡面土壤分离、搬运、沉积的特征。目前生物结皮对产沙产流影响的研究发现,完整生物结皮的覆盖会显著影响径流的水动力特征(如流速、剪切力、径流功率及阻力系数等参数),但当生物结皮盖度变化时,坡面径流的水动力特征如何响应尚不清楚。同时,生物结皮盖度变化也必然会导致结皮斑块的分布格局发生变化,进而影响径流的水动力特征。生物结皮盖度引起的分布格局差异如何影响径流阻动力,继而如何影响坡面产沙,目前仍缺乏全面认识,这是目前生物结皮盖度对坡面水土流失过程影响机理研究的不足之处。

(3)科学认知土壤侵蚀过程,明确其规律,是构建土壤侵蚀模型的基础。而目前对生物结皮坡面侵蚀的研究大多将生物结皮小区当成黑箱,对生物结皮坡面的水土流失过程缺乏系统了解。在生物结皮坡面土壤分离、搬运、沉积的各个环节中,生物结皮扮演什么样的角色、贡献如何,目前仍不明确。这是生物结皮水土保持功能研究的薄弱环节,也是当前土壤侵蚀与水土保持科学理论研究的不足之处。

第 2 章

研究内容与技术路线

2.1   研究目标

本研究针对科学认知生物结皮盖度影响坡面产流产沙及其机理的关键科学问题,以黄土丘陵区不同盖度生物结皮坡面为研究对象,采用人工模拟降雨与自然降雨监测试验,结合室内外分析测定,从生物结皮盖度分布特征入手,探明不同盖度生物结皮坡面产流产沙的时间变化过程,构建生物结皮盖度与坡面产流产沙以及水动力学参数之间的量化关系,通过室内降雨试验和稀土示踪技术明确生物结皮对土壤分离及泥沙沉积的贡献,阐明生物结皮坡面土壤分离、搬运、沉积过程,通过结构方程模型等统计学手段揭示生物结皮盖度引起的景观格局对坡面产沙的影响机理,为建立考虑生物结皮因子的坡面水土流失预报模型提供理论依据。

2.2   研究内容

(1)生物结皮盖度对坡面产流的影响

明确不同生物结皮盖度坡面产流的时间变化过程,建立生物结皮盖度与坡面产流的量化关系,建立生物结皮盖度变化引起的分布格局与坡面产流的量化关系。

(2)生物结皮盖度对坡面径流水力学特征的影响

明确不同生物结皮盖度坡面径流水动力学参数的时间变化过程,建立生物结皮盖度与水动力学参数的量化关系,建立生物结皮盖度变化引起的分布格局与水动力学参数的量化关系。

(3)生物结皮盖度对坡面产沙的影响

明确不同生物结皮盖度坡面产沙的时间变化过程,建立生物结皮盖度与坡面产沙的量化关系,建立生物结皮盖度变化引起的分布格局与坡面产沙的量化关系,建立坡面径流水动力学参数与坡面产沙的量化关系。

(4)生物结皮对坡面侵蚀过程的影响

明确生物结皮覆盖对坡面产沙和沉积的贡献,揭示生物结皮对土壤分离及泥沙输移的影响。

(5)生物结皮盖度对坡面水土流失过程的影响机理

在以上研究的基础上,通过结构方程模型、回归分析、方差分析等数理统计分析,明确生物结皮在土壤流失过程中的贡献,揭示生物结皮盖度影响坡面产沙的动力机制。

2.3 技术路线

以黄土丘陵区的生物结皮坡面为研究对象,通过调查和试验测定,明确坡面生物结皮的组成盖度、空间分布格局、表面特征及理化属性。在此基础上,通过人工和自然降雨试验,观测不同盖度生物结皮坡面水土流失过程,借助数理统计、数值模拟方法,建立生物结皮盖度与坡面产流产沙以及水动力学参数的量化关系。采集野外的生物结皮在室内培养,借助稀土示踪技术和室内降雨试验,定量分析生物结皮对坡面土壤分离和泥沙沉积的贡献,明确生物结皮坡面土壤的分离、搬运、沉积过程。运用数理统计揭示生物结皮盖度影响坡面产流产沙的动力机理,技术路线如图 2-1 所示。

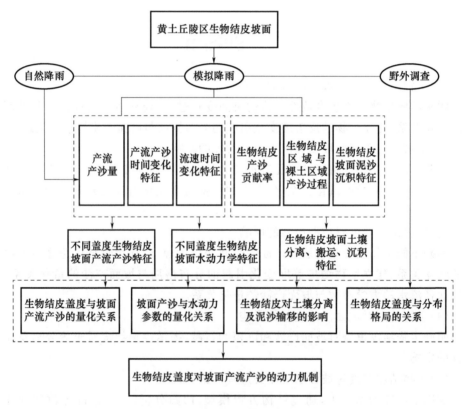

图 2-1　本研究的技术路线图

第 3 章
坡面生物结皮盖度与分布格局的关系

3.1　引　言

生物结皮在地表的覆盖显著影响了坡面的土壤侵蚀(Belnap,2006)。一方面,生物结皮通过改善土壤理化性质,提高土壤的抗侵蚀性,从而减少了坡面土壤流失;另一方面,生物结皮的覆盖作用影响了径流的侵蚀动力及坡面阻力,降低了坡面的产沙量。因此,生物结皮盖度的变化显著影响着坡面的水土流失。同时,生物结皮盖度的变化也会导致生物结皮斑块在坡面的分布格局产生差异,进而影响坡面的水土流失过程(吉静怡 等,2021a;傅伯杰 等,2010)。因此,明确生物结皮在坡面的盖度和分布格局是研究其水土保持功能的前提条件。

本研究采用模拟降雨试验来明确生物结皮盖度及分布格局对坡面产流产沙及水动力特征的影响,因此,明确坡面生物结皮盖度和分布特征的关系是后续研究的基础。同时,吉静怡等(2021a)的研究已证明借用景观生态学原理,在坡面尺度上实现生物结皮分布特征的量化表达是可行的。基于此,本章以不同盖度的生物结皮坡面为研究对象,探明生物结皮盖度及景观格局指数,分析二者之间的量化关系,为后续生物结皮盖度对坡面产流产沙过程的影响机理研究奠定基础。

3.2　材料与方法

3.2.1　研究区概况

试验样地位于陕西省榆林市定边县杨井镇(107°15′—108°22′E,36°49′—37°53′N)。样地基本情况见表 3-1。该区位于陕北黄土高原北部与毛乌素沙漠南缘的过渡地带,属温带半干旱内陆性气候,多年平均气温为 8.7 ℃,多年平均年降水量 316.9 mm,年蒸发量 2490 mm,地形属于黄土高原的丘陵沟壑区,土壤以石灰性黄绵土为主。研究区主要植被为达乌里胡枝子(*Lespedeza daurica*)、早熟禾(*Poa annua*)、百里香(*Thymus mongolicus*)、茵陈蒿(*Artemisia capillaris*)、赖草(*Leymus secalinus*)、长芒草(*Stipa bungeana*)等。样地生物结皮组成以发育后期的藓结皮为主,伴有少量的藻结皮和地衣结皮,平均盖度为 79.2%。其中,藓结皮优势种主要有短叶对齿藓(*Didymodon tectorum*)、土生对齿藓(*Didymodon vinealis*)及银叶真藓(*Bryum argenteum*)等。

表 3-1　试验样地基本情况

	生物结皮坡面	裸土坡面
有机质含量/(g·kg^{-1})	10.50	8.22
团聚体平均重量直径/mm	3.01	1.34
pH 值	8.52	8.35
黏粒/%	13.52	13.99
粉粒/%	46.01	46.27
砂粒/%	40.47	39.74

注:黏粒直径<0.002 mm,粉粒直径 0.002～0.05 mm,砂粒直径 0.05～0.02 mm,下同。

3.2.2　野外调查及样品采集

在研究区域选取有代表性的样地。采用梅花状布设 5 m×5 m 的大样方调查样地的生物结皮盖度、组成,植被盖度,枯落物和裸土盖度等指标。在样地选取 12 个坡面调查生物结皮盖度和分布特征。每个坡面上、中、下部各选取 5 个点布设 25 cm×25 cm 样方,采用 25 点样方法调查生物结皮的组成及盖度。同时,在每个坡面随机布设 6 个 1 m×1 m 的样方,使用数码相机拍照,通过 FRAGSTATS 软件计算景观格局指数来表征生物结皮的分布格局。在每个大样方里,用培养皿采集 5 份生物结皮层样品;混合 5 点采集下层 0～5 cm 土层土壤,装入自封袋带回阴干,用于测定有机质含量、颗粒组成、pH 值等基础理化指标。采集 0～5 cm 土层的原状样,放入铝盒带回阴干,采用湿筛法测定团聚体含量,同时计算平均重量直径。

3.2.3　测定项目与方法

(1)主要测定项目

生物结皮盖度和组成、景观格局指数、团聚体含量及平均重量直径、有机质含量、颗粒组成。

(2)测定方法

生物结皮盖度:采用 25 点样方法,记录样方中藻、藓、裸土、植物根基、枯落物出现的频次,以各类物种占调查总点数的百分数作为生物结皮盖度(Belnap,2003a)。

景观格局指数:于距地面 1 m 处垂直拍照,通过 ArcGIS 软件将生物结皮斑块空间分布矢量化。使用 FRAGSTATS 4.2 软件计算生物结皮斑块景观格局指数。根据学者前期研究(吉静怡,2021)以及景观格局指数的生态学意义,本研究选取了表征面积指标的斑块密度、表征性状指标的景观形状指数,以及表征空间结构指标的斑块连接度、分离度四个景观格局指数来表征生物结皮在坡面的分布格局。

团聚体含量及平均重量直径:采用湿筛法测定水稳性团聚体含量,并计算团聚体平均重量直径。

有机质含量:采用重铬酸钾外加热法测定。

颗粒组成:采用马尔文激光粒度分析仪测定。

3.2.4　参数计算

(1)斑块密度

斑块密度是单位面积上的斑块数,常被用来描述整个景观的破碎程度与异质性。

$$P_{\mathrm{D}} = \frac{N}{A} \tag{3-1}$$

式中:P_{D} 为斑块密度(个·m^{-2}),N 为斑块数,A 为景观面积(m^2)。

(2)景观形状指数

景观形状指数越大,说明景观的边界长度越大,景观形状越不规则。斑块的形状对径流泥沙的迁移具有重要影响。

$$L_{\mathrm{SI}} = 0.25 \frac{E}{\sqrt{A}} \tag{3-2}$$

式中:L_{SI} 为景观形状指数,E 表示基于像元计算的景观边缘总长度(m),A 为景观面积(m^2)。

(3)斑块连接度

斑块连接度反映斑块空间上的形态连接程度,它与斑块之间的距离、连通性有关。

$$C_{\mathrm{OH}} = \left[1 - \frac{\sum\limits_{i}^{n} P_i}{\sum\limits_{i}^{n} P_i \sqrt{a_i}} \right] \left(1 - \frac{1}{\sqrt{A}} \right)^{-1} \tag{3-3}$$

式中:C_{OH} 为斑块连接度,P_i 为第 i 块斑块的周长(m),a_i 为第 i 块斑块的面积(m^2),A

为景观面积(m^2)。

（4）分离度

分离度表示斑块个体分布的离散程度，其值越大，说明景观斑块破碎化越严重。

$$S_{PL} = \frac{A^2}{\sum\limits_{i}^{n} a_i^2} \tag{3-4}$$

式中：S_{PL}为分离度，A为景观面积(m^2)，a_i为第i块斑块的面积(m^2)。

3.2.5 数据处理

运用 SPSS 19.0 对生物结皮盖度和景观格局指数进行回归分析。用 Excel 2010、Orign 2020 以及 Visio 2013 等软件作图。

3.3 结果分析

3.3.1 不同盖度生物结皮坡面的景观格局指数

生物结皮盖度的变化同时也会导致坡面生物结皮格局分布产生差异，影响坡面的水土流失过程，生物结皮盖度与分布格局的关系是后续不同盖度生物结皮对坡面水土流失过程影响机理研究的基础。因此，本书基于学者前期的研究成果(吉静怡，2021)，选取斑块密度、景观形状指数、斑块连接度以及分离度四个景观格局指数表征生物结皮分布格局，以12个不同盖度的生物结皮坡面作为研究对象计算景观格局指数。各坡面的生物结皮盖度与景观格局指数具体数值如表3-2所示。生物结皮盖度变化范围为9.3%～67.2%时，斑块密度变化范围为2.8～78.1个·m^{-2}，景观形状指数变化范围为4.0～10.6，斑块连接度变化范围为99.3～100.0，分离度变化范围为1.3～775.6。

表 3-2 不同盖度生物结皮坡面景观格局指数

编号	生物结皮盖度/%	PD/(个·m^{-2})	LSI	COH	SPL
1	51.6	2.8	4.0	100.0	1.3
2	47.2	6.9	5.4	100.0	1.5
3	67.2	3.3	4.8	100.0	1.4

续表

编号	生物结皮盖度/%	PD/(个·m^{-2})	LSI	COH	SPL
4	43.7	5.3	7.0	100.0	1.5
5	39.2	42.5	8.8	99.6	38.2
6	30.1	30.6	8.2	99.8	11.3
7	12.3	78.1	9.5	98.5	775.6
8	47.7	26.7	10.6	99.9	3.5
9	14.4	73.9	8.6	98.8	332.9
10	22.7	65.6	7.8	99.3	64.6
11	9.3	74.7	9.3	98.5	654.6
12	22.9	41.9	7.4	99.3	111.8

3.3.2　生物结皮盖度与景观格局指数的量化关系

将不同盖度生物结皮坡面的景观格局指数与对应的结皮盖度数据分别绘制于坐标系中，得到图 3-1。由图可知，斑块密度随生物结皮盖度增加呈降低趋势。12.3%生物结皮盖度坡面的斑块密度最大，为 78.1 个·m^{-2}；51.6%生物结皮盖度坡面的斑块密度最小，为 2.8 个·m^{-2}；前者的斑块密度是后者的 27.9 倍。景观形状指数随生物结皮盖度增加呈下降趋势。47.7%生物结皮盖度坡面的景观形状指数最大，为 10.6；51.6%生物结皮盖度坡面的景观形状指数最小，为 4.0；前者的景观形状指数是后者的 2.7 倍。斑块连接度随生物结皮盖度增加呈先增长趋势，而后趋于稳定。47.2%生物结皮盖度坡面的斑块连接度最大，为 100.0；12.3%生物结皮盖度坡面的斑块连接度最小，为 98.5；前者的斑块连接度是后者的 1.02 倍。分离度随生物结皮盖度增加呈降低趋势。12.3%生物结皮盖度坡面的分离度最大，为 775.6；51.6%生物结皮盖度坡面的分离度最小，为 1.3；前者的分离度是后者的 597 倍。这些结果表明，随着生物结皮盖度的增加，斑块形状的规则程度减小，斑块分布的破碎度减小，斑块之间的连接程度增加。由于景观形状指数反映的是斑块的规则程度，因此，不仅盖度的变化与该指标有关系，而且干扰的方式可能也会影响斑块的形状，踩踏、火烧或者翻耕对生物结皮斑块形状的影响是不同的。这可能是生物结皮盖度与景观形状指数关系结果相对较差的原因。

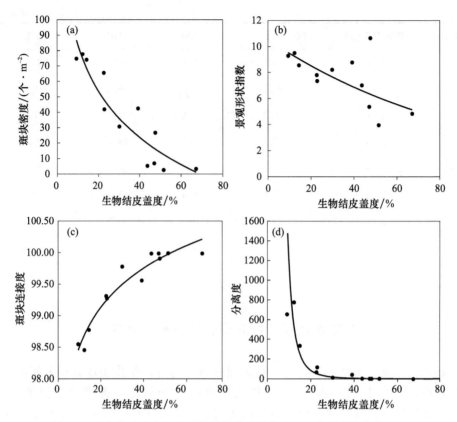

图 3-1　生物结皮盖度与景观格局指数斑块密度(a)、景观形状指数(b)、
斑块连接度(c)、分离度(d)的关系

　　选取斑块密度、景观形状指数、斑块连接度以及分离度四个指标作为自变量与生物结皮盖度进行曲线回归分析。统计结果显示,斑块密度和景观形状指数与生物结皮盖度之间的量化关系可以用指数函数描述。斑块连接度和分离度与生物结皮盖度之间的量化关系可以分别用对数函数和幂函数描述。其中,斑块密度、斑块连接度以及分离度与生物结皮盖度的相关性相对较好(决定系数均大于 0.8,且显著性均小于 0.001);景观形状指数与生物结皮盖度回归方程的决定系数为 0.4201,P 值为 0.041,均低于其他三个景观格局指标。结果表明,生物结皮盖度的变化与斑块密度、连接度以及分离度的关系比较密切,而与斑块形状指数的关系较弱。

$$P_D = -43.36\ln(x) + 183.61 \quad (R^2 = 0.8596, P < 0.001, n = 12) \quad (3\text{-}5)$$

$$L_{SI} = 10.541e^{-0.011x} \quad (R^2 = 0.4201, P < 0.05, n = 12) \quad (3\text{-}6)$$

$$C_{OH} = 0.8927\ln(x) + 96.456 \quad (R^2 = 0.9301, P < 0.001, n = 12) \quad (3\text{-}7)$$

$$S_{PL} = 6E + 06x^{-3.755} \quad (R^2 = 0.8969, P < 0.001, n = 12) \quad (3\text{-}8)$$

式中：x 为生物结皮盖度（％），P_D 为斑块密度（个・m^{-2}），L_{SI} 为景观形状指数，C_{OH} 为斑块连接度，S_{PL} 为分离度。

3.4　小　　结

本章调查了不同盖度生物结皮坡面的分布格局特征景观格局指数，分析二者之间的相关性，结果如下。

当生物结皮均为随机分布时，生物结皮的盖度变化会显著引起景观格局的变化。随着生物结皮盖度的增加，生物结皮斑块形状的规则程度减小，斑块分布的破碎度减小，斑块之间的连接程度增加。其中，生物结皮盖度与景观形状指数关系最差（$R^2=0.4201$）。生物结皮盖度与斑块连接度的相关性最好，二者之间的关系可用对数函数定义：$C_{OH}=0.8927\ln(x)+96.456(R^2=0.9301,P<0.001,n=12)$。

第 4 章
生物结皮盖度对坡面产流的影响

4.1　引　言

生物结皮的发育显著改变了土壤表面特性,如粗糙度、持水性、斥水性等(王媛等,2014;张培培 等,2014)。表层土壤在水分循环中起着重要的作用,如降水入渗、地表径流等过程都是以表层土壤为介质发生和转化的。因此,生物结皮的发育影响了土壤水分的入渗和产流。就此,国内外已进行了大量研究,但目前所得结论存在较大分歧。国内外专家学者关于生物结皮对水分入渗及产流的影响已经取得不少成果,然而由于试验方法、土壤类型以及生物结皮类型等影响因素的不统一,生物结皮对坡面产流的影响尚无定论。生物结皮盖度变化对坡面产流过程的影响仍不清楚,二者之间的定量关系尚不明确,仍需要进一步研究。因此,本章通过野外人工模拟降雨和自然降雨试验,研究不同盖度生物结皮坡面的产流过程以及生物结皮盖度、分布格局与坡面产流的量化关系,以揭示不同生物结皮盖度坡面的产流特征,为后续生物结皮盖度影响坡面水动力特征的研究提供基础。

4.2　材料与方法

4.2.1　研究区概况

本章通过野外人工模拟降雨研究生物结皮盖度对坡面产流量及产流过程的影响,并通过自然降雨试验验证模拟降雨试验的结果。模拟降雨试验样地位于陕西省榆林市定边县杨井镇(图 4-1),研究区概况及样地基本情况与第 3 章相同。野外自然降雨试验的样地位于陕西省吴起县合沟小流域(图 4-1),样地基本情况见表 4-1。该区地貌类型属典型梁峁状丘陵沟壑区,海拔 1233~1809 m,属暖温带半干旱季风气候,年均气温 7.8 ℃,年日照时数 2400 h,年降水量 400~450 mm。研究区土壤为黄绵土,主要植被物种为铁杆蒿(Artemisia sacrorum)、达乌里胡枝子、长芒草和百里香等。生物结皮类型主要为藻结皮、藓结皮,以及由藻、藓和地衣混生的混合结皮。藓结皮的优势种为短叶对齿藓、土生对齿藓及银叶真藓等。

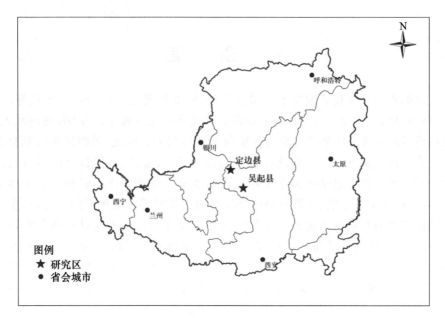

图 4-1 研究区位置

表 4-1 自然降雨试验样地基本情况

	生物结皮坡面	裸土坡面
有机质含量/(g·kg^{-1})	10.50	12.98
团聚体平均重量直径/mm	1.20	0.14
pH 值	8.25	8.43
黏粒/%	15.78	16.37
粉粒/%	59.68	59.70
砂粒/%	24.54	23.93

4.2.2 模拟降雨试验

4.2.2.1 试验设计

用薄钢板在选定的研究样地圈建 10 m×2.1 m 的径流小区,小区坡度为 15°,降雨前用剪刀去除小区内的高等植物冠层。用自制工具对各径流小区的生物结皮模拟羊蹄踩踏干扰,以控制生物结皮盖度(王闪闪,2017)。根据生物结皮盖度差异共设置 6 个盖度梯度,各小区地表覆盖特征如表 4-2 所示。不同梯度小区的生物结皮平均盖度分别为:79.2%(T1)、65.2%(T2)、54.3%(T3)、44.5%(T4)、25.3%

(T5)、12.0%(T6),如图 4.2 所示。同时设置 3 个裸土小区作为对照,共计 22 个径流小区。各小区地表覆盖物主要的组成为藻结皮、藓结皮、植物根基、裸土。所有径流小区生物结皮盖度变化范围为 8.5%～80.0%。其中,藓结皮的盖度变化范围为 8.5%～70.8%。藻结皮所占比例较少,盖度变化范围为 0%～29.5%。各小区的植物根基盖度均比较小,变化范围为 0.3%～7.7%。裸土盖度变化为 4.5%～91.2%。人工模拟降雨系统如图 4-3 所示。

表 4-2　模拟降雨试验各径流小区地表覆盖特征

小区号	藻盖度/%	藓盖度/%	植物根基盖度/%	裸土盖度/%	生物结皮总盖度/%
裸土-1	—	—	—	100.0	—
裸土-2	—	—	—	100.0	—
裸土-3	—	—	—	100.0	—
1	0.0	8.5	0.3	91.2	8.5
2	0.0	15.2	1.3	83.5	15.2
3	0.0	21.3	2.1	67.2	21.3
4	0.0	22.0	2.7	75.3	22.0
5	0.0	22.1	2.4	75.5	22.1
6	0.0	23.7	0.8	75.5	23.7
7	0.0	24.8	1.9	70.1	24.8
8	0.0	31.2	4.0	58.9	31.2
9	0.0	31.7	5.9	57.3	31.7
10	0.5	44.0	4.3	51.3	44.5
11	2.9	45.8	4.2	41.2	48.7
12	29.5	26.1	5.1	20.0	55.6
13	16.6	39.0	6.1	38.3	55.6
14	14.1	48.6	6.7	29.0	62.8
15	0.0	65.6	6.1	26.9	65.6
16	10.4	55.3	7.7	23.7	65.7
17	7.7	70.7	4.0	13.9	78.4
18	8.3	70.8	5.6	4.5	79.1
19	11.2	68.8	5.1	10.4	80.0

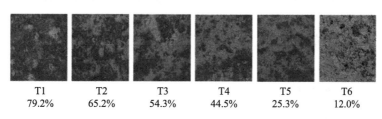

| T1 | T2 | T3 | T4 | T5 | T6 |
| 79.2% | 65.2% | 54.3% | 44.5% | 25.3% | 12.0% |

图 4-2　生物结皮盖度梯度

图 4-3　人工模拟降雨系统

4.2.2.2　参数计算

(1)产流率

$$R=\frac{\sum R_j}{A\times t} \tag{4-1}$$

式中：R 为产流率（mm·min^{-1}），R_j 为第 j 次取样的产流量（L），t 为产流时间（min），A 为坡面面积（m^2）。

(2)减流效益

$$E_R=\frac{R_{CK}-R_C}{R_{CK}} \tag{4-2}$$

式中：E_R 为减流效益（％），R_{CK} 为裸土小区产流率（mm·min^{-1}），R_C 为生物结皮小区产流率（mm·min^{-1}）。

4.2.2.3　降雨强度确定

参考学者之前的室内模拟降雨试验结果（谢申琦 等，2019）以及黄土高原暴雨统计（潘成忠 等，2005；Wang et al.，2016），这里选用 90 mm·h^{-1} 雨强为模拟降雨的强度。

4.2.3　自然降雨监测

4.2.3.1　试验设计

根据野外调查结果，在不同盖度的生物结皮样地上用铁皮圈建 5 m×1.5 m 径流小区(图 4-4)。共计 12 个生物结皮径流小区,并设置 3 个裸土小区作为对照,小区坡度为 15°。各径流小区底部安装出水口,并放置塑料桶($D_口 \times D_底 \times H_深 = 49$ cm×40 cm×58 cm)接收自然降雨产生的径流。雨季前定期维护各小区地表,剪去所有小区内维管植物的地上部分。

图 4-4 自然降雨监测径流小区

野外自然降雨试验的各径流小区地表覆盖情况如表 4-3 所示。各小区地表覆盖物主要的组成为藻结皮、藓结皮、地衣结皮、枯落物、植物根基、裸土。生物结皮盖度变化范围为 11.6%～58.8%。其中,藓结皮盖度较小,变化范围为 0.1%～9.6%。藻结皮盖度变化范围为 7.6%～52.4%。植物根基盖度变化范围为 10.8%～36.4%。枯落物盖度变化范围为 10.8%～32.8%。裸土盖度变化范围为 10.8%～46.8%。

表 4-3 自然降雨试验各径流小区地表覆盖特征

小区号	枯落物盖度/%	植物根基盖度/%	裸土盖度/%	藻盖度/%	藓盖度/%	地衣盖度/%	生物结皮总盖度/%
裸土-1	—	—	100.0	—	—	—	—
裸土-2	—	—	100.0	—	—	—	—
裸土-3	—	—	100.0	—	—	—	—
1	14.8	28.4	37.2	14.4	7.2	0.4	22.0
2	11.6	22.0	46.8	14.8	4.4	0.4	19.6
3	14.8	36.4	30.8	7.6	9.6	0.4	17.6
4	12.8	31.2	32.8	19.6	3.2	0.0	22.8
5	17.6	34.0	34.8	13.6	0.1	0.0	13.6

小区号	枯落物盖度/%	植物根基盖度/%	裸土盖度/%	藻盖度/%	藓盖度/%	地衣盖度/%	生物结皮总盖度/%
6	22.4	24.0	36.4	12.4	3.6	0.0	16.0
7	17.2	25.6	32.4	24.0	0.8	0.0	24.8
8	32.8	23.6	32.0	10.0	1.6	0.0	11.6
9	10.8	23.6	22.8	36.8	4.8	0.4	42.0
10	22.8	19.2	27.6	25.2	4.4	0.4	30.0
11	20.8	14.0	12.4	46.0	8.8	0.0	54.8
12	19.6	10.8	10.8	52.4	6.4	0.0	58.8

4.2.3.2 参数计算

产流率：

$$R = \frac{\sum R_j}{A} \tag{4-3}$$

式中：R 为整个雨季（6—9 月）的总产流率（L·m^{-2}），R_j 为第 j 次取样的产流量（L），A 为小区面积（m^2）。

4.2.4 测定项目与方法

（1）测定项目

地表粗糙度、初始产流时间、径流量、流速、径流温度等。

（2）测定方法

地表粗糙度：用针状糙度计测定粗糙度。糙度计由 52 根金属针组成，针随测定地面的凸凹状况而自由升降。针上部各点相对于参照基准面的高度变化反映地面的起伏程度。用数码相机拍摄针的起伏状况，使用 Profile meter 程序处理照片，计算每根针相对于参照基准面的高度。粗糙度用各测点高度的标准差表示。每个试验小区分别测定平行于等高线和垂直于等高线方向的地面粗糙度各 9 次，取平均值。

初始产流时间：模拟降雨之前测定雨强，以保证降雨的均匀性与精确度。降雨开始后，当坡面整体开始产流，且出水口形成连续水流时，记下此时的产流时间。

径流量：模拟降雨每隔 3 min 使用 1000 mL 量筒收集所有径流样，记录径流量。自然降雨采用虹吸法收集径流桶里的径流并记录径流量。

流速：模拟降雨过程中，每隔 3 min 即分别在小区上、中、下部采用高锰酸钾溶液测取径流流过 1 m 坡段的时间，计算流速。

径流温度：接取径流的同时，使用温度计记录当时的径流温度。

4.2.5　数据处理

运用 SPSS 19.0 对不同盖度梯度生物结皮坡面初始产流时间、产流率、减流效益进行单因素方差分析及 LSD(最小显著差法)多重比较。在方差分析之前,使用 Kolmogorov-Smirnov test 方法检验数据的正态性,同时使用 Levene's test 方法对数据进行方差齐性检验。将平均产流率分别与生物结皮盖度和景观格局指数进行回归分析。用 Excel 2010、Orign 2020 以及 Visio 2013 等软件作图。

4.3　结果分析

4.3.1　模拟降雨试验下生物结皮盖度对坡面产流的影响

4.3.1.1　各径流小区的地表粗糙度

干扰不仅会造成生物结皮盖度和分布格局的变化,同时也可能改变地表的粗糙度,从而影响坡面的产流产沙。因此,这里首先调查了不同盖度生物结皮小区干扰前后地表粗糙度的变化,见表 4-4。由表可见,干扰前地表粗糙度变化范围为 1.04~1.79 cm,干扰后地表粗糙度变化范围为 0.93~1.69 cm。干扰前后地表平均粗糙度分别为 1.44 cm 和 1.36 cm,二者之间无显著差异($F=1.388$, $P>0.05$)。另外,相关性分析表明坡面的粗糙度与生物结皮盖度之间无显著相关性($P>0.05$)。这些结果表明,模拟干扰处理并没有影响坡面粗糙度。

表 4-4　各径流小区地表粗糙度

小区号	生物结皮盖度/%	地表粗糙度/cm	
		干扰前	干扰后
1	80.00	1.50	1.50
2	78.40	1.57	1.57
3	55.59	1.32	0.94
4	67.20	1.04	1.21
5	62.78	1.79	1.48
6	51.63	1.42	1.41
7	47.20	1.65	1.35
8	43.73	1.18	1.39
9	39.20	1.25	1.56

续表

小区号	生物结皮盖度/%	地表粗糙度/cm	
		干扰前	干扰后
10	22.70	1.30	1.30
11	22.93	1.55	1.69
12	14.40	1.63	1.13
13	9.33	1.57	1.20
14	79.06	1.43	1.43
15	65.71	1.33	0.93
16	55.60	1.17	1.40
17	47.73	1.72	1.46
18	30.13	1.62	1.48
19	12.27	1.34	1.47

4.3.1.2 生物结皮盖度对坡面产流过程的影响

初始产流时间是指从降雨开始到坡面出水口收集到连续径流所需要的时间，产流时间的长短反映了生物结皮截留降雨从而延缓坡面产流的能力。图 4-5 为 90 mm·h^{-1}降雨条件下不同盖度生物结皮坡面的初始产流时间。由图可见，随着生物结皮盖度的降低，初始产流时间增加；裸土坡面的平均初始产流时间最大，为 7.0 min；79%盖度生物结皮坡面初始产流时间最小，为 2.5 min。裸土坡面初始产流时间是 79%盖度生物结皮坡面的 2.8 倍。LSD 多重比较结果显示，裸土坡面和 12%盖度生物结皮坡面的初始产流时间显著高于 79%盖度坡面（$P<0.05$），而生物

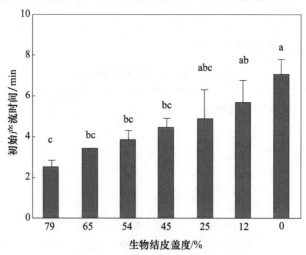

图 4-5 不同盖度生物结皮坡面的初始产流时间

（小写字母 a、b、c 表示在 0.05 水平上显著相关，下同）

结皮盖度大于或等于 25％的坡面初始产流时间与 79％盖度坡面差异不显著。初始产流时间与生物结皮盖度间的 Pearson 双尾相关性分析表明,初始产流时间与生物结皮盖度之间存在极显著的负相关关系($R=-0.759$,$P<0.01$)。

不同盖度生物结皮坡面产流率随降雨历时变化过程如图 4-6 所示。由图可见,随着降雨历时增加,生物结皮坡面的产流率呈现先增加后趋于稳定的趋势,但稳定时间不同。对各时间点的产流率进行单因素方差分析,将产流率不再显著变化的时间点定义为产流稳定时间。统计分析结果表明,坡面产流稳定时间随生物结皮盖度增加呈先增加后下降的趋势。79％盖度的生物结皮坡面产流达到稳定状态最快,大约在 8 min 时趋于稳定;45％盖度的坡面产流达到稳定状态最慢,在 40 min 时趋于稳定。翻耕后的裸土坡面产流特征与生物结皮坡面有所差异,初始产流时间最长,但产流后产流率呈先快速增长后下降的趋势。

同时,不同盖度梯度的生物结皮坡面产流率之间的差异与降雨历时有关。降雨 15 min 时,79％盖度的生物结皮坡面产流率较裸土坡面显著增加了 75.42％的径流($P<0.05$)。在 30 min 时,各盖度生物结皮坡面的平均产流率差异不显著($P>0.05$)。裸土坡面产流率在降雨历时 45 min 时显著高于 79％盖度的生物结皮坡面,45 min 后则高于所有的生物结皮坡面,57 min 后有小幅度的下降。当降雨历时为 60 min 时,79％盖度生物结皮坡面平均产流率较裸土降低了 52.42％。

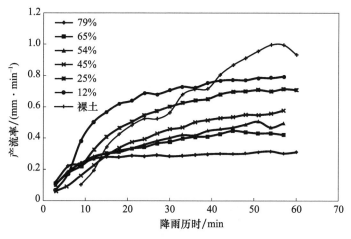

图 4-6　不同生物结皮盖度的坡面产流过程

(图中各点为 3 个重复的平均值,下同)

4.3.1.3　坡面产流与生物结皮盖度的关系

LSD 多重比较结果显示,当生物结皮盖度从 79％下降至 25％时,降雨 60 min 的坡面平均产流率显著增加(图 4-7)。生物结皮坡面平均产流率与其盖度呈显著负相关

（$P<0.01$）。79％盖度生物结皮坡面产流率最小，为 0.26 mm·min^{-1}；12％盖度的生物结皮坡面产流率达到最高，为 0.61 mm·min^{-1}，坡面产流率是前者的 2.3 倍。

将不同盖度生物结皮小区的模拟降雨产流率与对应的结皮盖度数据分别绘制于坐标系中，得到图 4-8。由图可见，在 90 mm·h^{-1} 雨强下，9.3％生物结皮盖度小区的产流率最大，为 0.67 mm·min^{-1}；78.4％生物结皮盖度小区的产流率最小，为 0.21 mm·min^{-1}。当生物结皮盖度从 9.3％增加至 78.4％时，坡面平均径流量减少了 68.7％。对本研究中的产流率和生物结皮盖度进行非线性回归，二者之间的关系可以用对数函数来定义：

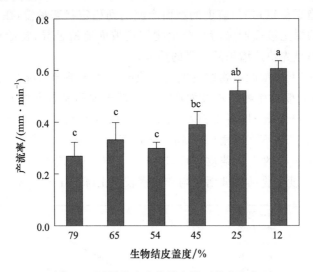

图 4-7　不同盖度生物结皮坡面的产流率

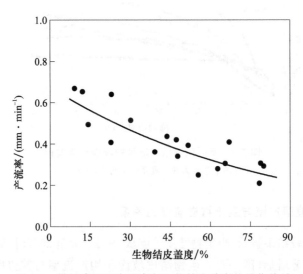

图 4-8　模拟降雨下产流率与生物结皮盖度的量化关系

$$y=-0.185\ln(x)+1.0808 \quad (R^2=0.752, P<0.001, n=19) \tag{4-4}$$

式中：y 为 60 min 平均产流率(mm·min^{-1})，x 为生物结皮盖度(％)。

生物结皮减流效益随着生物结皮盖度降低呈降低趋势(图 4-9)。79％～12％盖度的平均减流效益依次为 49.9％、38.1％、33.8％、29.0％、2.8％和-13.1％。LSD多重比较结果显示，当生物结皮盖度从 79％下降至 25％时，生物结皮的减流效益显著降低($P<0.05$)。值得注意的是，25％的盖度是生物结皮减流效益由正变负的拐点。当生物结皮盖度大于或等于 25％时，生物结皮盖度的减流效益为正；当生物结皮盖度小于 25％时，生物结皮相对于裸土的减流效益为-13％。这一结果表明当生物结皮盖度大于或等于 25％时，生物结皮相对于裸土坡面抑制产流；当盖度小于25％时，生物结皮相对于裸土坡面增加产流。

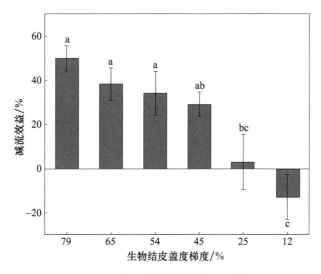

图 4-9　不同生物结皮盖度的减流效益

4.3.1.4　坡面产流与生物结皮分布格局的关系

生物结皮盖度的变化同时也会导致坡面生物结皮格局分布产生差异，进而影响坡面的产流率。为了明确生物结皮盖度影响的景观格局与产流率的关系，将各个生物结皮小区 60 min 的平均产流率与对应的斑块密度、景观形状指数、斑块连接度以及分离度四个景观格局指数分别绘制于坐标系中，得到图 4-10。由图可知，产流率随斑块密度、景观形状指数以及分离度的增加呈增长趋势；与之相反，产流率随斑块连接度增加呈减小的趋势。

将产流率作为自变量，与景观格局指数进行回归分析，得到函数方程：

$$y=0.0023P_{\mathrm{D}}+0.3916 \quad (R^2=0.3493, P<0.05, n=12) \tag{4-5}$$

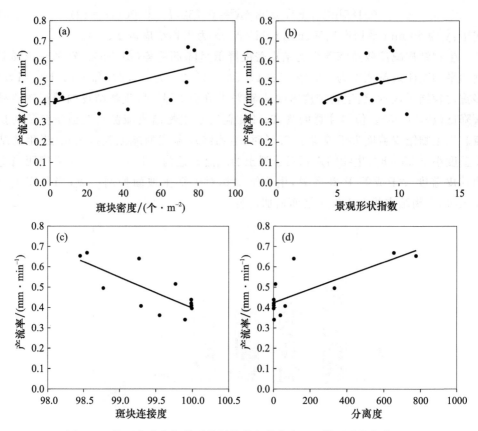

图 4-10 坡面产流率与景观格局指数斑块密度(a)、景观形状指数(b)、
斑块连接度(c)、分离度(d)的关系

$$y = 0.1216\ln(L_{SI}) + 0.2368 \quad (R^2 = 0.0975, P = 0.334, n = 12) \tag{4-6}$$

$$y = -15.04\ln(C_{OH}) + 69.678 \quad (R^2 = 0.5813, P < 0.01, n = 12) \tag{4-7}$$

$$y = 0.0003S_{PL} + 0.4238 \quad (R^2 = 0.609, P < 0.01, n = 12) \tag{4-8}$$

式中：y 为 60 min 平均产流率(mm · min^{-1})，P_D 为斑块密度(个 · m^{-2})，L_{SI} 为景观形状指数，C_{OH} 为斑块连接度，S_{PL} 为分离度。

回归结果表明，景观形状指数与生物结皮坡面产流率的相关性最差，P 值大于 0.05，决定系数只有 0.0975，也就是说，景观形状指数只能解释 9.75％ 的产流率变异。统计结果表明生物结皮坡面的产流率与景观形状指数并没有显著相关性。斑块密度与产流率的相关性虽然显著($P < 0.05$)，但决定系数较低($R^2 = 0.3493$)，说明用斑块密度作为自变量对坡面产流变异的解释率并不高。斑块连接度和分离度与坡面产流率的相关性最好($P < 0.01$)，决定系数也相对较高。综合考虑，斑块连接度和分离度是较好的影响坡面产流的景观格局指数。

4.3.2　自然降雨监测下生物结皮盖度对坡面产流的影响

4.3.2.1　平均产流率对比

本研究监测了 2020 年吴起县合沟小流域 6—9 月的所有降雨,共有 17 场大于 5 mm 的降雨,其中只有 2 场降雨产生了径流,降水量分别为 109.1 mm 和 46.9 mm。如图 4-11 所示,裸土坡面和生物结皮坡面的 6—9 月降雨平均产流率分别为 20.6 L·m⁻² 和 5.1 L·m⁻²。生物结皮坡面较裸土坡面显著降低了 75.2% 的径流量($P<0.001$)。

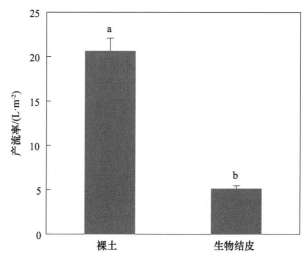

图 4-11　生物结皮小区与裸土小区产流率对比

4.3.2.2　产流率与生物结皮盖度的量化关系

为了得到产流率与生物结皮盖度之间的关系,将不同盖度生物结皮坡面的自然降雨产流率与对应的结皮盖度数据分别绘制于坐标系中,得到图 4-12。由图可见,自然降雨的坡面产流率随生物结皮盖度的变化趋势与模拟降雨一致,产流率随着生物结皮盖度的增加而减小。19.6% 生物结皮盖度小区的产流率最大,为 6.9 L·m⁻²; 22% 生物结皮盖度坡面的产流率最小,为 3.8 L·m⁻²,较 19.6% 盖度小区产流率减少了 44.93%。对试验条件下的产流率和生物结皮盖度进行非线性回归,发现二者之间的关系可以用对数函数来定义:

$$y=-1.108\ln(x)+8.6794 \quad (R^2=0.274,P<0.001,n=12) \tag{4-9}$$

式中:y 为 6—9 月自然降雨的总产流率(L·m⁻²),x 为生物结皮盖度(%)。

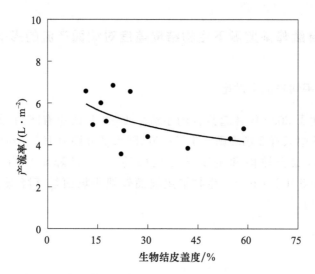

图 4-12　自然降雨下产流率与生物结皮盖度的量化关系

4.4　讨　论

研究结果表明,生物结皮覆盖降低了坡面产流时间。根据 Pearson 相关性分析结果,生物结皮盖度与坡面产流时间呈显著负相关。这可能是因为裸土在未被雨滴破坏时的孔隙度较大,降水以优先流(大孔隙流)的方式入渗,而生物结皮的饱和导水率低于无结皮土壤,因此,降雨开始时其入渗是低于裸土的。当雨滴击溅产生的细土粒堵塞土壤孔隙时,裸土坡面则会形成物理结皮,其入渗速率迅速下降,坡面开始产流。张子辉等(2020)在该地区采用线源入流入渗法测定了藓结皮坡面与裸土坡面的水分入渗动态特征,结果表明裸土坡面初始入渗速率及前 6 min 的入渗速率高于藓结皮坡面;随着入渗时间的延长,裸土坡面的入渗速率迅速下降,7～20 min时段低于藓结皮坡面,随后缓慢下降至稳定数值。该结果从入渗的角度解释了初始产流时间随生物结皮盖度变化的原因。

在 90 mm·h^{-1} 的雨强下,生物结皮盖度越低,坡面产流率随降雨历时的变化趋势就越接近波浪状。这可能与降雨过程中生物结皮和裸土的稳定性差异有关。在降雨过程中,裸土表层土壤结构一直在变化,裸土地表处于物理结皮形成-破坏-再形成的过程中(蔡强国 等,1996)。而生物结皮,尤其是发育成熟的藓结皮的水稳性和抗侵蚀能力是极强的(Gao et al.,2017;Yang et al.,2022)。生物结皮可以削减雨滴动能,减少雨滴对下层土壤结构的破坏,增加土壤水稳性(秦宁强 等,2011;杨凯 等,

2012)。因此,高盖度生物结皮坡面的表层土壤在降雨过程中较裸土坡面更为稳定,坡面产流率随降雨历时变化更稳定。随着生物结皮盖度的继续下降,生物结皮对坡面产流的影响也越来越小,坡面更容易形成物理结皮,此时坡面径流的变化就更趋向于波浪式的增加。

结果表明,坡面的平均产流率随着生物结皮盖度的增加而减少,与前人的研究结果一致(Eldridge et al.,2010;Cantón et al.,2014)。这可能与研究区的土壤质地和结皮类型有关。本研究区的土壤质地为砂壤土,模拟降雨历时为 60 min,所以在降雨过程中较易形成物理结皮。同时,试验样地的生物结皮以藓结皮为主,与物理结皮相比,藓结皮具有更高的渗透性(Miralles et al.,2011)。同时藓结皮也增加了地表的微粗糙度,增加了径流路径的长度,延长了入渗时间,从而减少了坡面产流(Brotherson et al.,1983;Bowker et al.,2010;Eldridge et al.,2010)。因此,以藓结皮为主的生物结皮盖度越高,坡面产流就越少。自然降雨与人工模拟降雨的试验结果均显示坡面产流率随生物结皮盖度的增加呈对数函数降低。但自然降雨的拟合结果较模拟降雨差,这可能与野外监测的环境更加复杂有关,野外自然降雨监测的径流小区可能有蚂蚁洞、老鼠洞存在,从而影响了降雨时的产流。此外,前期土壤含水率差异也会影响水分的入渗。因此,自然条件下复杂的影响因素必然导致降雨监测的拟合结果无法像模拟降雨的结果一样完美。

目前,国内外关于生物结皮对入渗产流的影响已进行了大量研究,但由于土壤质地、结皮类型、降雨类型等因素的影响,所得结论存在较大分歧。一些研究认为,生物结皮延长了水分在地表的停滞时间,从而促进了入渗。另有研究则认为,生物结皮堵塞了地表土壤孔隙,导致生物结皮层的入渗率低于下层土壤,从而增加了坡面径流。还有一些研究认为,生物结皮不影响入渗,他们将生物结皮对入渗的影响归因于土壤物理性质、水分进入土壤通道的不同以及地表侵蚀的差异,而非生物结皮。本章结果发现,生物结皮盖度也是影响入渗产流的重要影响因子。25%的盖度是生物结皮减流效益由正变负的拐点,相较于裸土坡面,盖度大于或等于 25%的生物结皮坡面抑制了坡面产流,盖度小于 25%的生物结皮坡面则会增加产流。25%的生物结皮盖度同时也是产流时间、产流率发生显著变化的临界盖度。综上所述,生物结皮盖度的变化会导致生物结皮对径流的影响发生逆转。这一结果为解释生物结皮影响坡面入渗产流存在的分歧提供了参考。

4.5　小　　结

本章以黄土丘陵区不同盖度的生物结皮坡面为研究对象,通过野外人工模拟降雨试验和自然降雨试验,对初始产流时间、产流率、减流效益等指标的变化特征进行了研究,揭示了坡面产流随生物结皮盖度的变化特征,主要研究结果如下。

(1)初始产流时间与生物结皮盖度之间存在极显著的负相关关系($R=-0.759$,$P<0.01$,$n=19$)。生物结皮盖度小于 25% 的坡面初始产流时间显著高于 79% 盖度坡面($P<0.05$)。

(2)坡面产流稳定时间随生物结皮盖度的增加呈先增加后趋于稳定的趋势。79% 盖度的生物结皮坡面产流达到稳定状态最快,大约在 8 min 时趋于稳定;45% 盖度的坡面产流达到稳定状态最慢,在 40 min 时趋于稳定。当生物结皮盖度从 79% 下降至 25% 时,产流率会发生显著变化($P<0.05$)。

(3)坡面产流率随生物结皮盖度的增加呈降低趋势,二者之间呈对数函数关系:$y=-a\ln(x)+b$。模拟降雨下,当生物结皮盖度从 9.3% 增加至 78.4% 时,坡面平均产流率减少了 68.7%,坡面产流率与生物结皮盖度之间的关系式为:$y=-0.185\ln(x)+1.0808$ ($R^2=0.752$,$P<0.001$,$n=19$)。自然降雨下,生物结皮盖度从 19.6% 增加至 42% 时,坡面产流率减少了 44.9%,坡面产流率与生物结皮盖度之间的关系式为:$y=-1.108\ln(x)+8.6794$ ($R^2=0.274$,$P<0.001$,$n=12$)。

(4)生物结皮减流效益随着生物结皮盖度降低呈降低趋势。试验条件下,当生物结皮盖度从 79% 下降至 25% 时,生物结皮的减流效益显著降低($P<0.05$)。25% 的盖度是生物结皮减流效益由正变负的拐点。当生物结皮盖度大于或等于 25% 时,生物结皮相对于裸土坡面抑制产流;当盖度小于 25% 时,生物结皮相对于裸土坡面增加产流。

(5)生物结皮坡面降雨 60 min 平均产流率与分离度相关性最强,二者之间的关系可以用线性函数定义:$y=0.0003S_{PL}+0.4238$($R^2=0.609$,$P<0.01$,$n=12$);其与景观形状指数没有显著相关性。

第 5 章
生物结皮盖度对径流水动力特征的影响

5.1　引　　言

在黄土高原地区,坡面径流是土壤侵蚀产沙的主要动力,径流的强弱直接影响了土壤流失量的大小。因此,对坡面径流水动力学特征的研究将有助于更加深入地认识坡面侵蚀产沙过程的本质,从而揭示坡面侵蚀的机理,建立土壤侵蚀模型。雷诺数、弗劳德数、阻力系数、剪切力,以及水流功率等水力要素是表征径流流型流态以及对土壤分离强度的主要水动力学指标,也是目前国内外普遍采用分析预测土壤侵蚀及揭示土壤侵蚀机理的重要参数。

生物结皮的形成和发育影响了地表土壤的理化属性、稳定性以及粗糙度,从而影响了坡面径流的水动力学特征。目前,国内外学者已经在坡面水动力学方面进行了深入系统研究,并取得了大量有价值的研究成果,但关于生物结皮对坡面径流水动力特征影响的研究仍然较少。当生物结皮盖度变化时,坡面径流的水动力特征如何响应,目前尚不清楚。同时,生物结皮盖度变化也会引起生物结皮的分布格局发生变化,进而影响径流的水动力特征。生物结皮盖度引起的分布格局差异如何影响径流水动力特征,进而影响坡面产沙,目前仍缺乏认识,这也是目前生物结皮盖度影响坡面产流产沙机理研究的不足之处,还需要更进一步研究。

因此,本章在第 3 章和第 4 章的基础上,选取流速、水深、雷诺数、弗劳德数、阻力系数、剪切力、径流功率等水力学和水动力学参数,以黄土丘陵区不同盖度的生物结皮坡面为研究对象,通过人工模拟降雨试验明确不同盖度生物结皮坡面径流的水动力特征,建立水动力学参数与生物结皮盖度以及分布格局之间的量化关系,为揭示生物结皮盖度影响坡面产流产沙的动力机制奠定基础。

5.2　材料与方法

本章研究区概况和试验设计与第 4 章人工模拟降雨试验相同。

5.2.1　参数计算

(1)流速

$$V = kV_S \tag{5-1}$$

式中:V 为坡面平均流速($\text{m} \cdot \text{s}^{-1}$);$V_S$ 为径流流速($\text{m} \cdot \text{s}^{-1}$);$k$ 为校正系数,根据径流流态取不同值,层流为 0.67,过渡流为 0.7,紊流为 0.8(张光辉,2002)。

（2）水深

$$h = \frac{Q}{VWt} \tag{5-2}$$

式中：h 为水深（m），Q 为取样时间内的径流总量（m^3），V 为径流流速（$m \cdot s^{-1}$），W 为径流小区宽度（m），t 为取样时间。

（3）雷诺数

$$Re = \frac{Vh}{v} \tag{5-3}$$

式中：Re 为雷诺数（无量纲），h 为水深（m），v 为黏滞系数（$m^2 \cdot s^{-1}$）。

（4）弗劳德数

$$Fr = \frac{V}{\sqrt{gh}} \tag{5-4}$$

式中：Fr 为弗劳德数（无量纲），h 为水深（m），g 为重力常数（$9.8\ m \cdot s^{-2}$）。

（5）径流剪切力

$$\tau = \rho ghs \tag{5-5}$$

式中：τ 为径流剪切力（Pa），ρ 为水的密度，h 为水深（m），g 为重力常数，s 为坡度的正弦值。

（6）径流功率

$$\omega = \rho ghsV \tag{5-6}$$

式中：ω 为径流功率（$W \cdot m^{-2}$），ρ 为水的密度，h 为水深（m），g 为重力常数，s 为坡度的正弦值，V 为径流流速（$m \cdot s^{-1}$）。

（7）阻力系数

$$f = \frac{8ghs}{V^2} \tag{5-7}$$

式中：f 为 Darcy-Weisbach 阻力系数（无量纲），h 为水深（m），g 为重力常数，s 为坡度的正弦值，V 为径流流速（$m \cdot s^{-1}$）。

5.2.2　数据处理

运用 SPSS 19.0 对不同盖度梯度生物结皮坡面水深、流速、雷诺数、弗劳德数、剪切力、径流功率、阻力系数进行单因素方差分析及 LSD 多重比较。在方差分析之前，使用 Kolmogorov-Smirnov test 方法检验数据的正态性，同时使用 Levene's test 方法对数据进行方差齐性检验。对水动力学参数与生物结皮盖度及景观格局指数进行回归分析。用 Excel 2010、Orign 2020 以及 Visio 2013 等软件作图。

5.3　结果分析

5.3.1　生物结皮盖度对水深的影响

5.3.1.1　水深随降雨历时变化过程

不同盖度生物结皮坡面水深随降雨历时变化过程如图 5-1 所示。由图可见,生物结皮坡面的流速随降雨历时增加呈增加的趋势。裸土、12％和 25％盖度的生物结皮坡面的水深变化趋势相近,均呈先增加后稳定的趋势。45％～79％盖度的生物结皮坡面水深变化趋势相近,在快速增加后呈波浪状变化。裸土坡面的水深变化范围最小,为 0.00021～0.00118 m。25％以上盖度的生物结皮坡面水深在降雨过程中波动较大,其中,54％盖度的生物结皮坡面水深波动幅度最大,变化范围为 0.00118～0.00362 m。

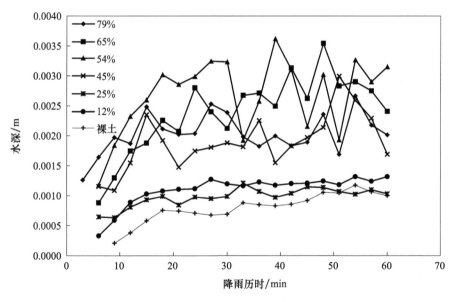

图 5-1　不同生物结皮盖度的坡面水深变化过程

5.3.1.2　水深与生物结皮盖度的关系

对不同生物结皮盖度的坡面水深进行方差分析,统计结果显示模拟降雨 60 min

后,坡面平均水深随着生物结皮盖度降低呈降低趋势(图 5-2)。其中,裸土坡面的水深最小,为 0.0007 m。65%盖度的坡面水深最大,为 0.0027 m。后者坡面水深是前者的 3.9 倍。LSD 多重比较结果显示,65%盖度生物结皮坡面的水深显著高于裸土($P <$ 0.05)。这一结果表明,相对于裸土坡面,生物结皮的覆盖增加了坡面径流的深度。

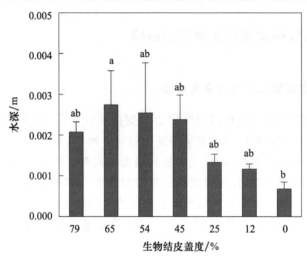

图 5-2　不同盖度生物结皮坡面的水深

将不同盖度生物结皮坡面的水深与对应的结皮盖度数据分别绘制于坐标系中,得到图 5-3。由图可见,在 90 mm·h^{-1} 雨强下,降雨 60 min 的坡面平均水深随生物结皮盖度的增加而增加。51.6%生物结皮盖度坡面的水深最大,为 0.00498 m。22.7%盖度生物结皮坡面水深最小,为 0.00096 m。前者是后者的 5.2 倍。对试验条件下的平均水深和生物结皮盖度进行非线性回归,二者之间的关系可以用幂函数来定义:

$$y = 0.0004x^{0.3897}(R^2 = 0.2658, P < 0.05, n = 19) \tag{5-8}$$

式中:y 为 60 min 平均水深(m),x 为生物结皮盖度(%)。

5.3.1.3　水深与生物结皮分布格局的关系

将各个生物结皮小区 60 min 的平均水深与斑块密度、景观形状指数、斑块连接度以及分离度分别绘制于坐标系中,得到图 5-4。由图可知,水深随斑块密度、景观形状指数以及分离度的增加而降低,随斑块连接度的增加而增加。

将斑块密度、景观形状指数、斑块连接度以及分离度作为自变量,与水深进行回归分析,得到方程:

$$y = 0.0075P_D^{-0.451}(R^2 = 0.946, P < 0.001, n = 12) \tag{5-9}$$

$$y = -0.0006L_{SI} + 0.0065(R^2 = 0.6256, P < 0.01, n = 12) \tag{5-10}$$

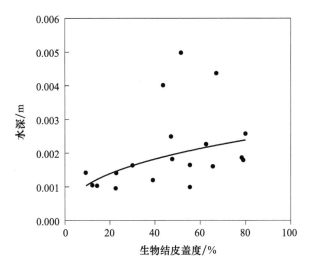

图 5-3　水深与生物结皮盖度的量化关系

$$y=1\mathrm{E}-35\mathrm{e}^{0.7458C_{\mathrm{OH}}}(R^2=0.5465,P<0.01,n=12) \tag{5-11}$$

$$y=0.0034S_{\mathrm{PL}}^{-0.199}(R^2=0.715,P<0.01,n=12) \tag{5-12}$$

式中：y 为 60 min 平均水深（m），P_{D} 为斑块密度（个·m^{-2}），L_{SI} 为景观形状指数，C_{OH} 为斑块连接度，S_{PL} 为分离度。

回归结果表明，水深与所有的景观格局指数均显著相关。其中，斑块连接度与水深的相关性最差，决定系数只有 0.5465，这说明以斑块连接度作为自变量对坡面水深变异的解释率并不高。斑块密度与水深的相关性最好（$R^2=0.946$，$P<0.001$），其对坡面水深的影响最大。

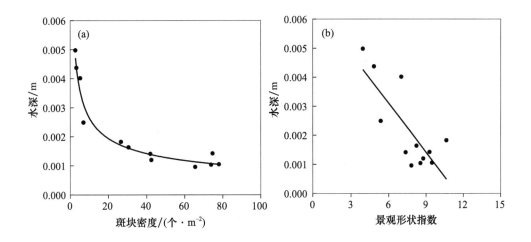

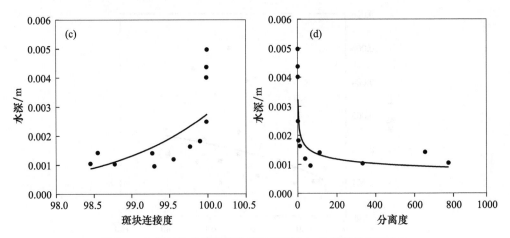

图 5-4　水深与景观格局指数斑块密度(a)、景观形状指数(b)、
斑块连接度(c)、分离度(d)的关系

5.3.2　生物结皮盖度对径流流速的影响

5.3.2.1　径流流速随降雨历时变化过程

径流流速是计算其他水动力学参数的基础,同时也是很多土壤侵蚀模型中的重要输入参数。不同盖度生物结皮坡面径流流速随降雨历时变化过程如图 5-5 所示。由图可见,生物结皮坡面的径流流速随降雨历时增加呈波浪状增加的趋势。根据

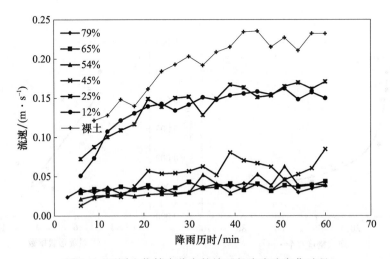

图 5-5　不同生物结皮盖度的坡面径流流速变化过程

60 min 时流速大小可大致分为三类:裸土,12%和 25%盖度的生物结皮坡面,以及大于 25%盖度的生物结皮坡面。裸土坡面径流的流速最大,为 0.23 m·s^{-1}。12%和 25%盖度生物结皮坡面径流流速相近,分别为 0.15 m·s^{-1}和 0.17 m·s^{-1}。当结皮盖度大于 25%时,坡面径流流速小于 0.085 m·s^{-1}。

5.3.2.2　径流流速与生物结皮盖度的关系

对不同生物结皮盖度的坡面径流流速进行方差分析,统计结果显示模拟降雨 60 min 后,坡面径流平均流速随着生物结皮盖度降低呈增加趋势(图 5-6)。79%生物结皮盖度的坡面径流流速最小,为 0.023 m·s^{-1}。裸土坡面的流速最大,为 0.13 m·s^{-1}。后者坡面径流流速是前者的 5.7 倍。LSD 多重比较结果显示,79%~45%生物结皮盖度的坡面径流流速之间并没有显著差异,当生物结皮盖度下降至 25%时,径流流速从 0.023 m·s^{-1}显著增加至 0.07 m·s^{-1}($P<0.05$)。

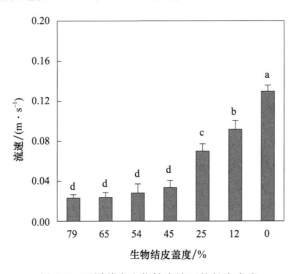

图 5-6　不同盖度生物结皮坡面的径流流速

将不同盖度生物结皮小区的径流流速与对应的结皮盖度数据分别绘制于坐标系中,得到图 5-7。由图可见,90 mm·h^{-1}雨强下,降雨 60 min 的坡面平均流速随生物结皮盖度的增加而减小。12.3%生物结皮盖度小区的流速最大,为 0.109 m·s^{-1}。51.6%生物结皮盖度小区的流速最小,为 0.014 m·s^{-1}。前者的流速是后者的 7.8 倍。对试验条件下的流速和生物结皮盖度进行非线性回归,发现二者之间的关系可以用对数函数来定义。得到的对数函数方程:

$$y=-0.04\ln(x)+0.1902 \quad (R^2=0.830,P<0.001,n=19) \qquad (5\text{-}13)$$

式中:y 为 60 min 平均流速(m·s^{-1}),x 为生物结皮盖度(%)。

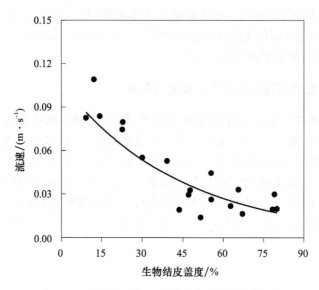

图 5-7　径流流速与生物结皮盖度的量化关系

5.3.2.3　径流流速与生物结皮分布格局的关系

将各个生物结皮小区 60 min 的平均径流流速与斑块密度、景观形状指数、斑块连接度以及分离度分别绘制于坐标系中,得到图 5-8。由图可知,径流流速随斑块密度与景观形状指数增加呈幂函数趋势增加,随斑块连接度的增加呈线性函数趋势下降,随分离度的增加呈对数函数趋势增加。

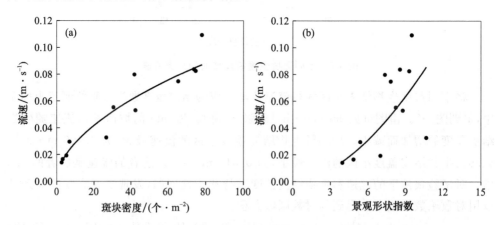

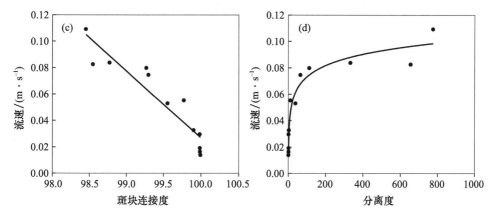

图 5-8　径流流速与景观格局指数斑块密度(a)、景观形状指数(b)、
斑块连接度(c)、分离度(d)的关系

通过将斑块密度、景观形状指数、斑块连接度以及分离度作为自变量,与径流流速进行曲线回归分析,得到方程:

$$y=0.0083P_D^{0.5396}(R^2=0.9346,P<0.001,n=12) \tag{5-14}$$

$$y=0.0013L_{SI}^{1.7729}(R^2=0.5539,P<0.01,n=12) \tag{5-15}$$

$$y=-0.0506C_{OH}+5.0835(R^2=0.8707,P<0.001,n=12) \tag{5-16}$$

$$y=0.0123\ln(S_{PL})+0.0167(R^2=0.9405,P<0.001,n=12) \tag{5-17}$$

式中:y 为 60 min 平均径流流速(m·s^{-2}),P_D 为斑块密度(个·m^{-2}),L_{SI} 为景观形状指数,C_{OH} 为斑块连接度,S_{PL} 为分离度。

回归结果表明,径流流速与所有的景观格局指数均显著相关。其中,景观形状指数与径流流速的相关性最差,决定系数只有 0.5539,这说明用景观形状指数作为自变量对坡面径流流速变异的解释率并不高。斑块密度和分离度与流速的相关性最好,对坡面径流流速的影响最大。结果表明,生物结皮盖度的降低增加了斑块破碎度与分离程度,坡面径流的流速也随之增加。

5.3.3　生物结皮盖度对径流流态的影响

5.3.3.1　雷诺数

(1)径流雷诺数随降雨历时变化过程

雷诺数是水流的惯性力与黏滞力的比值,是水流流态的重要判断依据。Re 越大,说明水流惯性力越大,水流发生紊流的可能性也就越大。不同盖度生物结皮坡面径流雷诺数随降雨历时变化过程如图 5-9 所示。由图可见,生物结皮坡面径流雷诺数随降雨历时增加呈增加的趋势。这一结果说明随着降雨历时的增加,坡面径流的紊动程度也增加,径流更不规则。降雨 60 min 时的坡面径流雷诺数随生物结皮盖度增加而减少。裸土坡面的雷诺数变化范围最大,为 10.97~100.9。79％盖度的生物结皮坡面雷诺数变化范围最小,为 12.93~33.64。

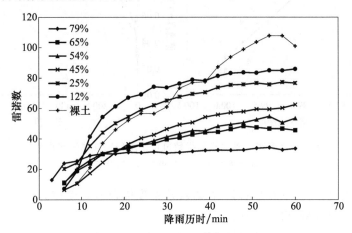

图 5-9　不同生物结皮盖度的坡面径流雷诺数变化过程

(2)径流雷诺数与生物结皮盖度的关系

对不同生物结皮盖度的坡面径流雷诺数进行方差分析,统计结果显示模拟降雨 60 min 后,坡面径流平均雷诺数随着生物结皮盖度降低呈增加趋势(图 5-10)。其中,79％盖度的生物结皮坡面径流雷诺数最小,为 30.54。12％盖度的生物结皮坡面

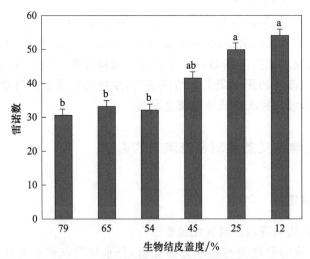

图 5-10　不同盖度生物结皮坡面的雷诺数

雷诺数达到最大,为 54.0。后者的雷诺数是前者的 1.8 倍。LSD 多重比较结果显示,当生物结皮盖度从 79% 下降至 25% 时,雷诺数发生显著变化。这一结果表明生物结皮盖度的降低增加了径流的紊动程度,径流的流态更加不稳定。

将不同盖度生物结皮小区的径流雷诺数与对应的结皮盖度数据分别绘制于坐标系中,得到图 5-11。9.3% 盖度的生物结皮小区径流雷诺数最大,为 61.5。78.4% 生物结皮盖度小区的径流雷诺数最小,为 22.3。前者的雷诺数是后者的 2.8 倍。对试验条件下的雷诺数和生物结皮盖度进行非线性回归,二者之间的关系可以用对数函数来定义,对数函数方程:

$$y = -13.05\ln(x) + 86.327 \quad (R^2 = 0.548, P < 0.001, n = 19) \qquad (5\text{-}18)$$

式中:y 为 60 min 径流平均雷诺数(无量纲),x 为生物结皮盖度(%)。

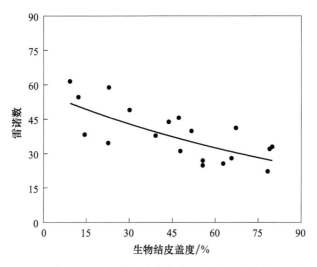

图 5-11　雷诺数与生物结皮盖度的量化关系

(3)径流雷诺数与生物结皮分布格局的关系

将各生物结皮小区 60 min 的平均雷诺数与斑块密度、景观形状指数、斑块连接度以及分离度分别绘制于坐标系中,得到图 5-12。由图可知,雷诺数随斑块密度的增加呈线性增加,随景观形状指数的增加呈抛物线趋势先上升后下降,随斑块连接度的增加呈抛物线趋势先下降后略微上升,随分离度的增加呈线性增加。

同时选取斑块密度、景观形状指数、斑块连接度以及分离度作为自变量,与雷诺数进行曲线回归分析,得到方程:

$$y = 0.1032P_{\mathrm{D}} + 43.017 (R^2 = 0.0923, P = 0.337, n = 12) \qquad (5\text{-}19)$$

$$y = -0.8106L_{\mathrm{SI}}^2 + 11.969L_{\mathrm{SI}} + 5.7798 (R^2 = 0.1041, P = 0.610, n = 12)$$

$$(5\text{-}20)$$

$$y=8.8265C_{OH}^2-1761.3C_{OH}+87910(R^2=0.3029,P=0.088,n=12)$$

$$(5-21)$$

$$y=0.022S_{PL}+43.251(R^2=0.3562,P<0.05,n=12) \qquad (5-22)$$

式中：y 为 60 min 平均雷诺数（无量纲），P_D 为斑块密度（个·m^{-2}），L_{SI} 为景观形状指数，C_{OH} 为斑块连接度，S_{PL} 为分离度。

回归结果表明，雷诺数仅与景观格局指数中的分离度显著相关。斑块密度、景观形状指数及斑块连接度与雷诺数拟合函数的决定系数分别只有 0.0923、0.1041 和 0.3029，P 值均大于 0.05，这说明三个景观格局指数对径流流态几乎没有影响。相对来说，分离度与雷诺数的相关性较好，但解释度也只有 35.62%。综上所述，景观格局指数对雷诺数的影响较小。

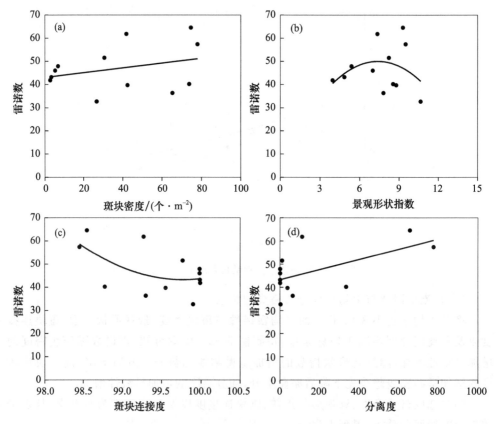

图 5-12　径流雷诺数与景观格局指数斑块密度(a)、景观形状指数(b)、
斑块连接度(c)、分离度(d)的关系

5.3.3.2　弗劳德数

（1）径流弗劳德数随降雨历时变化过程

在水力学中，弗劳德数是表征水流急缓的指标，它反映了水流的惯性力和重力之比。一般用弗劳德数是否大于 1 作为判别水流是急流还是缓流的标准。不同盖度生物结皮坡面径流弗劳德数随降雨历时变化过程如图 5-13 所示。由图可见，各盖度生物结皮坡面径流的弗劳德数随时间变化趋势差异较大。45％盖度及以上的生物结皮坡面径流弗劳德数随降雨历时波动较小，79％盖度的径流弗劳德数变化范围为 0.12～0.24。25％及以下盖度的生物结皮坡面径流弗劳德数在降雨过程中波动较大，裸土坡面的弗劳德数波动幅度最大，变化范围为 1.09～1.81。

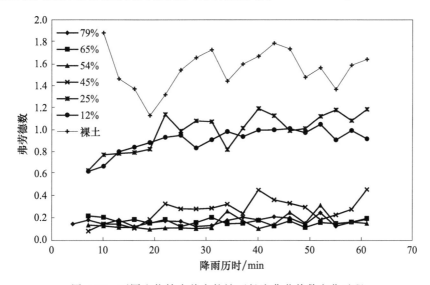

图 5-13　不同生物结皮盖度的坡面径流弗劳德数变化过程

（2）径流弗劳德数与生物结皮盖度的关系

对不同生物结皮盖度的坡面径流弗劳德数进行方差分析，统计结果显示模拟降雨 60 min 后，坡面径流平均弗劳德数随着生物结皮盖度降低呈增加趋势（图 5-14）。其中，79％盖度的生物结皮坡面径流弗劳德数最小，为 0.16。裸土坡面径流弗劳德数最大，为 1.7。后者是前者的 10.6 倍。LSD 多重比较结果显示，生物结皮盖度从 79％下降至 25％时，弗劳德数会发生显著变化，从 0.16 增加至 0.63；生物结皮盖度降低至 12％时，坡面径流弗劳德数为 0.87，已经接近于 1，极易发生沟蚀。这一结果表明生物结皮盖度的降低促使坡面径流从缓流向急流转变。

将不同盖度生物结皮小区的径流弗劳德数与对应的结皮盖度数据分别绘制于坐标系中，得到图 5-15。12.3％盖度生物结皮小区的弗劳德数最大，为 1.1。51.6％

盖度生物结皮小区的弗劳德数最小,为 0.06。前者的弗劳德数是后者的 18.3 倍。对试验条件下的弗劳德数和生物结皮盖度进行非线性回归,发现二者之间的关系可以用对数函数来定义,得到对数函数方程:

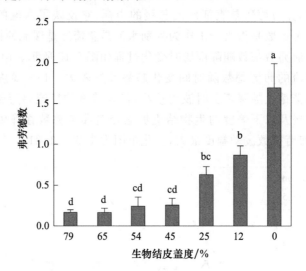

图 5-14　不同盖度生物结皮坡面的弗劳德数

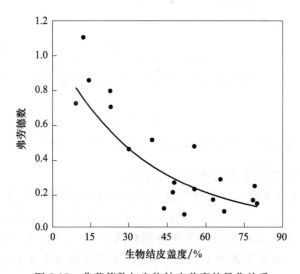

图 5-15　弗劳德数与生物结皮盖度的量化关系

$$y = -0.402\ln(x) + 1.8584 \quad (R^2 = 0.771, P < 0.001, n = 19) \qquad (5\text{-}23)$$

式中:y 为 60 min 平均弗劳德数(无量纲),x 为生物结皮盖度(%)。

(3)径流弗劳德数与生物结皮分布格局的关系

将各个生物结皮小区 60 min 的平均弗劳德数与斑块密度、景观形状指数、斑块连接度以及分离度分别绘制于坐标系中,得到图 5-16。由图可知,弗劳德数随斑块密度及景观形状指数的增加呈指数函数趋势增加,随斑块连接度的增加呈线性函数趋势降低,随分离度的增加呈对数函数趋势增加。

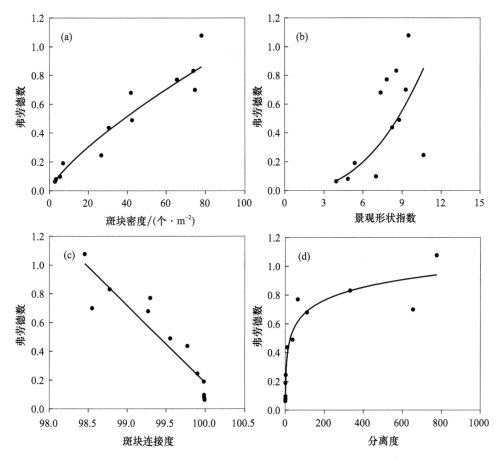

图 5-16　弗劳德数与景观格局指数斑块密度(a)、景观形状指数(b)、
斑块连接度(c)、分离度(d)的关系

　　选取斑块密度、景观形状指数、斑块连接度以及分离度作为自变量,与弗劳德数进行曲线回归分析,得到方程:

$$y=0.0307P_{\text{D}}^{0.765}\ (R^2=0.9567,P<0.001,n=12) \tag{5-24}$$

$$y=0.002L_{\text{SI}}^{2.5518}\ (R^2=0.5845,P<0.01,n=12) \tag{5-25}$$

$$y=-0.536C_{\text{OH}}+53.786\ (R^2=0.8533,P<0.001,n=12) \tag{5-26}$$

$$y=0.1298\ln(S_{\text{PL}})+0.0756\ (R^2=0.9186,P<0.001,n=12) \tag{5-27}$$

式中:y 为 60 min 平均弗劳德数(无量纲),P_{D} 为斑块密度(个·m^{-2}),L_{SI} 为景观形状指数,C_{OH} 为斑块连接度,S_{PL} 为分离度。

回归结果表明,弗劳德数与所有的景观格局指数均显著相关。其中,斑块密度、斑块连接度以及分离度与弗劳德数相关性较好,决定系数分别为 0.9567、0.8533 和 0.9186,P 值均小于 0.001,这说明三个景观格局指数对弗劳德数影响显著。相对来说,斑块连接度与弗劳德数的相关性较差,决定系数为 0.5845。

5.3.4 生物结皮盖度对径流动力的影响

5.3.4.1 径流剪切力

(1)径流剪切力随降雨历时变化过程

不同盖度生物结皮坡面径流剪切力随降雨历时变化过程如图 5-17 所示。由图可见,生物结皮坡面径流剪切力随降雨历时增加呈增加的趋势。各盖度生物结皮坡面径流剪切力随时间变化的趋势差异较大。25%、12% 盖度的生物结皮坡面以及裸土坡面的径流剪切力随降雨历时增加呈先增加随后平稳的趋势,增加幅度较小,其中,25% 盖度的生物结皮坡面的径流剪切力变化范围最小,为 1.64～3.07 Pa。25% 以上盖度的生物结皮坡面径流剪切力在降雨过程中波动较大,其中,54% 盖度的生物结皮坡面径流剪切力波动变化范围为 2.98～9.18 Pa。

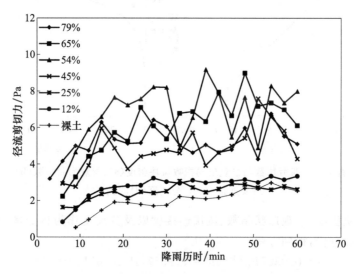

图 5-17 不同生物结皮盖度的径流剪切力变化过程

(2)径流剪切力与生物结皮盖度的关系

对不同生物结皮盖度的坡面径流剪切力进行方差分析,统计结果显示模拟降雨 60 min 后,坡面径流平均剪切力随着生物结皮盖度降低呈降低趋势(图 5-18)。其中,65%盖度的生物结皮坡面径流的平均剪切力最大,为 7.0 Pa。裸土坡面径流平均剪切力最小,为 1.7 Pa。前者是后者的 4.1 倍。LSD 多重比较结果显示,所有生物结皮盖度梯度之间的径流平均剪切力并没有显著差异,只有 65%盖度的生物结皮径流坡面的径流剪切力显著高于裸土坡面($P<0.05$)。

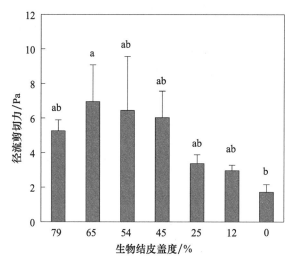

图 5-18　不同盖度生物结皮坡面的径流剪切力

　　将不同盖度生物结皮小区的径流剪切力与对应的结皮盖度数据分别绘制于坐标系中,得到图 5-19。51.63%盖度生物结皮小区的径流剪切力最大,为 12.63 Pa。22.7%盖度生物结皮小区的径流剪切力最小,为 2.42 Pa。前者的剪切力是后者的

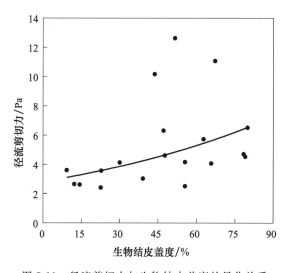

图 5-19　径流剪切力与生物结皮盖度的量化关系

5.2倍。对试验条件下的径流剪切力和生物结皮盖度进行非线性回归,二者之间的关系可以用幂函数来定义,得到幂函数方程:

$$y=1.0969x^{0.3897}(R^2=0.266,P=0.02,n=19)\tag{5-28}$$

式中:y 为 60 min 径流平均径流剪切力(Pa),x 为生物结皮盖度(%)。

(3)径流剪切力与生物结皮分布格局的关系

将各个生物结皮小区 60 min 的平均径流剪切力与斑块密度、景观形状指数、斑块连接度以及分离度分别绘制于坐标系中,得到图 5-20。由图可知,径流剪切力随斑块密度及分离度的增加呈幂函数趋势降低,随景观形状指数的增加呈对数函数趋势降低,随斑块连接度的增加呈指数函数趋势增加。

同时选取斑块密度、景观形状指数、斑块连接度以及分离度作为自变量,与径流剪切力进行曲线回归分析,得到方程:

$$y=18.953P_D^{-0.451}(R^2=0.946,P<0.001,n=12)\tag{5-29}$$

$$y=-10.08\ln(L_{SI})+25.653(R^2=0.6849,P<0.01,n=12)\tag{5-30}$$

$$y=3E-32e^{0.7458C_{OH}}(R^2=0.5465,P<0.01,n=12)\tag{5-31}$$

$$y=8.6059S_{PL}^{-0.199}(R^2=0.715,P<0.01,n=12)\tag{5-32}$$

式中:y 为 60 min 平均径流剪切力(Pa),P_D 为斑块密度(个·m^{-2}),L_{SI} 为景观形状指数,C_{OH} 为斑块连接度,S_{PL} 为分离度。

回归结果表明,径流剪切力与所有的景观格局指数均显著相关。其中,斑块密度与径流剪切力相关性较好,决定系数为 0.946,P 值小于 0.001,这说明随着生物结皮斑块密度的增加,径流剪切力显著降低。相对来说,斑块连接度与径流剪切力的相关性较差,决定系数为 0.5465。

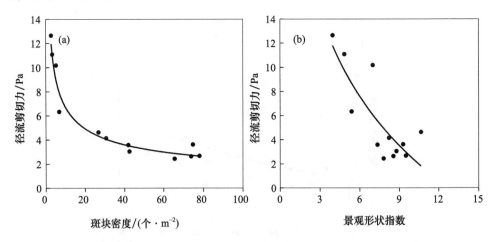

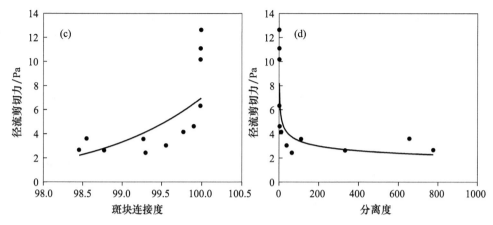

图 5-20　径流剪切力与景观格局指数斑块密度(a)、景观形状指数(b)、
斑块连接度(c)、分离度(d)的关系

5.3.4.2　径流功率

(1)径流功率随降雨历时变化过程

不同盖度生物结皮坡面径流功率随降雨历时变化过程如图 5-21 所示。由图可见,生物结皮坡面径流功率随降雨历时增加呈增大的趋势。各盖度生物结皮坡面的径流功率随时间变化趋势相似。生物结皮坡面径流功率随降雨历时增加呈先增大随后平稳的趋势,而裸土坡面的变化趋势与生物结皮坡面不同,开始产流后先快速增大,然后在 57 min 时呈现下降的趋势。降雨 60 min 时坡面径流功率

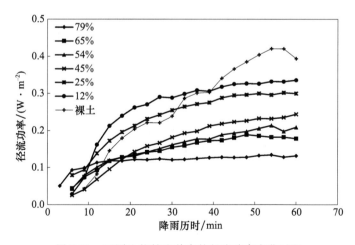

图 5-21　不同生物结皮盖度的径流功率变化过程

随生物结皮盖度减小而增大。其中,79%盖度的生物结皮坡面的径流功率变化范围最小,为 0.05~0.13 W·m^{-2}。25%及以下盖度的生物结皮坡面径流功率在降雨过程中波动较大,裸土坡面的径流功率波动幅度最大,变化范围为 0.04~0.42 W·m^{-2}。

(2)径流功率与生物结皮盖度的关系

对不同生物结皮盖度的坡面径流功率进行方差分析,统计结果显示模拟降雨 60 min后,坡面平均径流功率随着生物结皮盖度降低呈增加趋势(图 5-22)。其中,12%盖度的生物结皮坡面平均径流功率最大,为 0.27 W·m^{-2}。79%盖度的生物结皮坡面平均径流功率最小,为 0.12 W·m^{-2}。前者是后者的 2.3 倍。LSD 多重比较结果显示,当生物结皮盖度从 79%下降至 25%时,径流功率发生显著变化($P<$0.05),从 0.12 W·m^{-2}增加至 0.23 W·m^{-2}。同时,25%盖度及以下的生物结皮坡面径流功率与裸土坡面无显著差异。

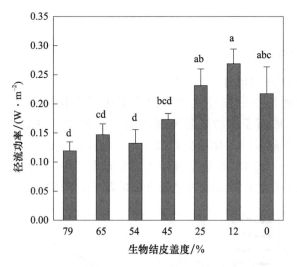

图 5-22   不同盖度生物结皮坡面的径流功率

将不同盖度生物结皮小区的径流功率与对应的结皮盖度数据分别绘制于坐标系中,得到图 5-23。12.3%生物结皮盖度小区的径流功率最大,为 0.30 W·m^{-2}。78.4%生物结皮盖度小区的径流功率最小,为 0.09 W·m^{-2}。前者的径流功率是后者的 3.3 倍。对试验条件下的径流功率和生物结皮盖度进行非线性回归,二者之间的关系可以用对数函数来定义,对数函数方程:

$$y=-0.082\ln(x)+0.4797 \quad (R^2=0.752,P<0.001,n=19) \tag{5-33}$$

式中:y 为 60 min 平均径流功率(W·m^{-2}),x 为生物结皮盖度(%)。

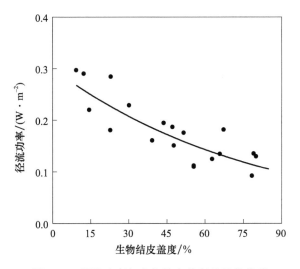

图 5-23　径流功率与生物结皮盖度的量化关系

（3）径流功率与生物结皮分布格局的关系

将各个生物结皮小区 60 min 的平均径流功率与斑块密度、景观形状指数、斑块连接度以及分离度分别绘制于坐标系中，得到图 5-24。由图可知，径流功率随斑块密度及分离度的增加呈线性增加，随景观形状指数的增加呈抛物线函数趋势先上升后下降，随斑块连接度的增加呈对数函数趋势降低。

选取斑块密度、景观形状指数、斑块连接度以及分离度作为自变量，与径流剪切力进行曲线回归分析，得到方程：

$$y=0.001P_{D}+0.1738(R^{2}=0.3493,P<0.05,n=12) \tag{5-34}$$

$$y=-0.0041L_{SI}^{2}+0.0659L_{SI}-0.0365(R^{2}=0.1743,P=0.468,n=12)$$
$$\tag{5-35}$$

$$y=-6.678\ln(C_{OH})+30.929(R^{2}=0.5813,P<0.01,n=12) \tag{5-36}$$

$$y=0.0001S_{PL}+0.1881(R^{2}=0.609,P<0.01,n=12) \tag{5-37}$$

式中：y 为 60 min 平均径流功率（$W \cdot m^{-2}$），P_{D} 为斑块密度（个 $\cdot m^{-2}$），L_{SI} 为景观形状指数，C_{OH} 为斑块连接度，S_{PL} 为分离度。

回归结果表明，径流功率与斑块密度、斑块连接度以及分离度显著相关。其中，表征景观破碎程度的分离度与径流功率相关性相对较好，决定系数为 0.609。结果表明，生物结皮分布的破碎程度影响了径流功率，破碎度越大，径流功率越大。景观形状指数与径流功率之间无显著相关性。

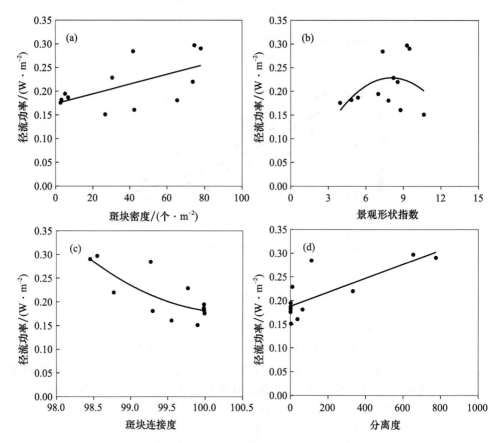

图 5-24　径流功率与景观格局指数斑块密度(a)、景观形状指数(b)、
斑块连接度(c)、分离度(d)的关系

5.3.5　生物结皮盖度对坡面阻力的影响

5.3.5.1　坡面阻力随降雨历时变化过程

达西-韦斯巴赫阻力系数(以下简称阻力系数)反映了下垫面对坡面流的阻力大小。不同盖度生物结皮坡面阻力系数随降雨历时变化过程如图 5-25 所示。由图可见,不同盖度梯度的生物结皮坡面阻力系数随时间变化的趋势差异较大。12%盖度的生物结皮坡面与裸土坡面的阻力系数随降雨历时增加变化较小。而大于 12%盖度的生物结皮坡面的阻力系数随降雨历时变化波动较大。降雨 60 min 时所有盖度生物结皮坡面的阻力系数均大于裸土坡面。裸土坡面的阻力系数在降雨过程中波动最小,为 0.64~1.75。45%盖度的生物结皮小区阻力系数在降雨过程中波动最

大,变化范围为 10.59～315.36。

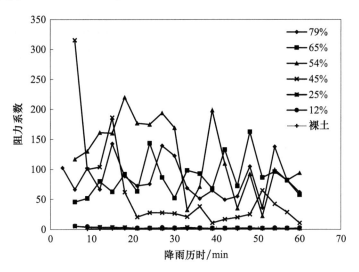

图 5-25　不同生物结皮盖度的阻力系数变化过程

5.3.5.2　阻力系数与生物结皮盖度的关系

对不同生物结皮盖度的阻力系数进行方差分析,统计结果显示模拟降雨 60 min
后,平均阻力系数随着生物结皮盖度降低呈增加趋势(图 5-26)。其中,54％盖度的
生物结皮坡面平均阻力系数最大,为 193.2。裸土坡面平均阻力系数最小,为 0.87。
前者是后者的 222 倍。LSD 多重比较结果显示,各盖度梯度之间阻力系数无显著差
异($P > 0.05$)。

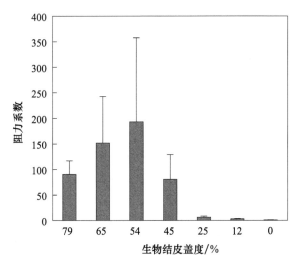

图 5-26　不同盖度生物结皮坡面的阻力系数

将不同盖度生物结皮小区的阻力系数与对应的结皮盖度数据分别绘制于坐标系中,得到图 5-27。12.3%生物结皮盖度小区的阻力系数最小,为 1.79。51.6%生物结皮盖度小区的阻力系数最大,为 521.37。前者的阻力系数是后者的 291.3 倍。对试验条件下的阻力系数和生物结皮盖度进行非线性回归,二者之间的关系可以用幂函数来定义,幂函数方程:

$$y = 0.0153x^{2.036} (R^2 = 0.610, P < 0.001, n = 19) \tag{5-38}$$

式中:y 为 60 min 径流平均阻力系数(无量纲),x 为生物结皮盖度(%)。

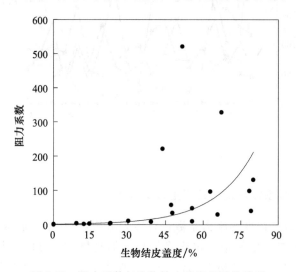

图 5-27　阻力系数与生物结皮盖度的量化关系

5.3.5.3　阻力系数与生物结皮分布格局的关系

将各个生物结皮小区 60 min 的平均阻力系数与斑块密度、景观形状指数、斑块连接度以及分离度分别绘制于坐标系中,得到图 5-28。由图可知,阻力系数随斑块密度及分离度的增加呈幂函数趋势降低,随景观形状指数的增加呈抛物线函数趋势先下降后上升,随斑块连接度的增加呈指数函数趋势增加。

同时选取斑块密度、景观形状指数、斑块连接度以及分离度作为自变量,与阻力系数进行曲线回归分析,得到方程:

$$y = 2200.7 P_D^{-1.53} (R^2 = 0.9567, P < 0.001, n = 12) \tag{5-39}$$

$$y = 18.592 L_{SI}^2 - 332.58 L_{SI} + 1485.2 (R^2 = 0.8051, P < 0.001, n = 12) \tag{5-40}$$

$$y = 1E - 121 e^{2.831 C_{OH}} (R^2 = 0.691, P < 0.01, n = 12) \tag{5-41}$$

$$y = 177.86 S_{PL}^{-0.73} (R^2 = 0.8433, P < 0.001, n = 12) \tag{5-42}$$

式中:y 为 60 min 平均阻力系数(无量纲),P_D 为斑块密度(个·m^{-2}),L_{SI} 为景观形状指数,C_{OH} 为斑块连接度,S_{PL} 为分离度。

回归结果表明,阻力系数与所有的景观格局指数均显著相关。其中,斑块密度、景观形状指数、分离度与阻力系数相关性相对较好,决定系数分别为 0.9567、0.8051、0.8433,这说明生物结皮斑块的密度、形状以及破碎程度对坡面阻力的影响较大。

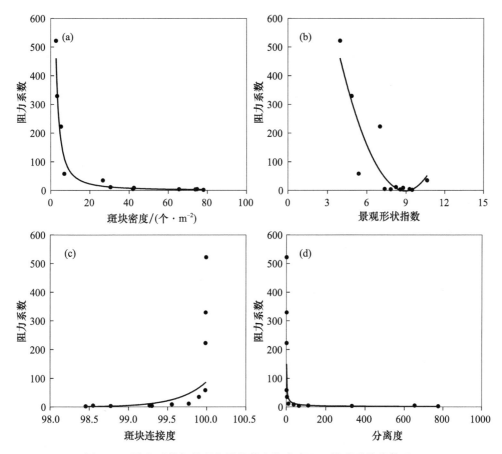

图 5-28　阻力系数与景观格局指数斑块密度(a)、景观形状指数(b)、
斑块连接度(c)、分离度(d)的关系

5.4　讨　论

这里,生物结皮盖度与流速有很好的相关性。随着生物结皮盖度的增加,流速减小,这一结果与前人的研究一致(李林 等,2015;Zhang et al.,2020)。李林 等(2015)在黄土高原通过放水试验表明,藓结皮样地的流速比裸土样地降低了

67.3%。藓结皮的外部形态特征显著影响了坡面流速。遇水湿润时,藓结皮的叶片会吸水膨胀、展开,显著增加自身的表面积,增加了地表粗糙度,阻碍径流在坡面的流动(Brotherson et al. ,1983;Bowker et al. ,2010;Eldridge,2003;Eldridge et al. ,2010)。

坡面径流的流型流态,涉及径流以什么形式运动及动力耗散机制,是分析径流侵蚀机理的首要工作。在本章中,弗劳德数和雷诺数与地表生物结皮盖度关系良好,表明生物结皮盖度可以很好地指示径流流态和流型。判别坡面径流流型的参数是雷诺数。当 $Re<500$ 时,水流为层流;当 $Re>500$ 时,水流处于紊流状态。本研究中,降雨 60 min 的平均雷诺数在 22.3~61.5 变化,远小于 500,说明生物结皮盖度的变化并没有改变径流流态,生物结皮坡面径流的流态随着生物结皮盖度的变化始终不变,为层流。坡面径流的缓流、临界流和急流常采用弗劳德数判别。当 $Fr<1$ 时,水流为缓流;当 $Fr>1$ 时,水流为急流状态。弗劳德数越大,表明坡面径流挟沙能力和剪切力越大。在本研究中,弗劳德数随生物结皮盖度的减小而增大,说明坡面径流的挟沙能力和径流剪切力也随之增大。当生物结皮盖度降低至 12.3% 时,水流由缓流转变为急流($Fr>1$),这一结果意味着在盖度低于 12.3% 的生物结皮坡面更容易发生细沟侵蚀(张科利 等,1998;Bryan,2000)。

同时,生物结皮盖度显著影响了水动力学参数随降雨时间的变化过程。大于25%盖度的生物结皮坡面的水深、径流剪切力与阻力系数随降雨时间增加呈波浪状变化,裸土坡面变化幅度较小。大于 25%盖度的生物结皮坡面的流速与弗劳德数的变化幅度较小,裸土坡面变化幅度最大。

值得注意的是,本章中的径流剪切力与生物结皮盖度的关系较弱($R^2=0.266$)。这意味着生物结皮盖度只能解释水流剪切力变化的 26.6%。也就是说,还有其他影响因素影响水流剪切力,可能与以下因素有关:首先,实际降雨时,坡面的水深非常浅;其次,生物结皮的覆盖也影响了径流的分布。因此,降雨产生的径流不能均匀地分布在生物结皮坡面上,平均水深并不能真实反映实际的流动深度,使得水流剪切力的计算不准确。此外,不同生物结皮盖度的径流含沙量增加,水流黏度系数随之迅速增加,这可能是影响剪切力的另一个因素(Zhang et al. ,2010)。因此,传统的明渠水流动力学计算的径流剪切力与生物结皮盖度的相关性较差。

本章中,生物结皮的格局也显著影响了径流的阻力,斑块密度、景观形状指数、斑块连接度和分离度均显著影响了径流剪切力和阻力系数。这一结果与吉静怡等(2021b)的研究结果类似。值得注意的是,所有的景观格局指数与雷诺数的关系都较差,斑块密度、景观形状指数、斑块连接度与雷诺数均不显著相关,分离度与雷诺数的决定系数也只有 0.3562。这一结果表明,生物结皮坡面景观格局的变化对径流流态的影响较弱。

5.5　小　　结

本章以黄土丘陵区不同盖度的生物结皮坡面为研究对象,通过野外人工模拟降雨试验,对不同盖度生物结皮坡面径流水动力学参数的变化特征进行了研究,主要研究结果如下。

(1)生物结皮盖度显著影响了水动力学参数随降雨历时的变化过程。大于 25% 盖度的生物结皮坡面的水深、径流剪切力与阻力系数随降雨时间增加呈波浪状变化,裸土坡面变化幅度较小。大于 25% 盖度的生物结皮坡面的流速与弗劳德数变化幅度较小,裸土坡面变化幅度最大。

(2)生物结皮的覆盖显著增加了坡面径流的深度。65% 盖度生物结皮坡面的水深是裸土的 3.9 倍。生物结皮盖度与水深之间的关系可以用幂函数来定义: $y = 0.0004x^{0.3897}(R^2=0.2658, P<0.05, n=19)$。

(3)坡面径流的平均流速随生物结皮盖度的增加而减小。生物结皮盖度与流速之间的关系可以用对数函数来定义: $y = -0.04\ln(x)+0.1902$ $(R^2=0.830, P<0.001, n=19)$。当生物结皮盖度下降至 25% 时,径流流速会发生显著变化,从 $0.023\ \mathrm{m \cdot s^{-1}}$ 增加至 $0.07\ \mathrm{m \cdot s^{-1}}$。

(4)生物结皮盖度的降低增加了径流的紊动程度,但并没有改变流态。平均雷诺数随生物结皮盖度的变化在 22.3～61.5 变化。生物结皮盖度的降低促使坡面径流从缓流向急流转变。当生物结皮盖度下降至 12.3% 时,坡面径流弗劳德数大于 1,水流由缓流转变为急流。生物结皮盖度与径流流型流态的关系可以用对数函数来定义,分别是: $Re = -13.05\ln(x)+86.327(R^2=0.548, P<0.001, n=19)$, $Fr = -0.402\ln(x)+1.8584(R^2=0.771, P<0.001, n=19)$。

(5)生物结皮盖度的变化显著改变了坡面径流的水流动力。其中,生物结皮盖度与径流功率之间的相关性远强于径流剪切力。当生物结皮盖度从 79% 下降至 25% 时,径流功率发生显著变化($P<0.05$),从 $0.12\ \mathrm{W \cdot m^{-2}}$ 增加至 $0.23\ \mathrm{W \cdot m^{-2}}$。同时,25% 盖度及以下的生物结皮坡面径流功率与裸土坡面无显著差异。生物结皮盖度与径流功率之间的关系可以用对数函数来定义: $y = -0.082\ln(x)+0.4797(R^2=0.752, P<0.001, n=19)$。

(6)生物结皮盖度的降低减小了坡面阻力,二者之间呈幂函数关系: $y = 0.0153x^{2.036}(R^2=0.610, P<0.001, n=19)$。12.3% 生物结皮盖度小区的阻力系数是 51.6% 的 291.3 倍。

(7)生物结皮盖度变化引起的景观格局差异显著影响了生物结皮坡面的水动力特征,但对雷诺数的影响较小。随着生物结皮盖度的增加,坡面径流会从急流转变为缓流,但始终属于层流状态。平均流速与分离度相关性最强,二者之间的关系可以用对数函数定义:$y = 0.0123\ln(x) + 0.0167 (R^2 = 0.9405, P < 0.001, n = 12)$。平均水深与斑块密度相关性最强,二者之间的关系可以用对数函数定义:$y = 0.0075x^{-0.451} (R^2 = 0.946, P < 0.001, n = 12)$。弗劳德数与斑块密度相关性最强,二者之间的关系可以用幂函数定义:$y = 0.0307x^{0.765} (R^2 = 0.9567, P < 0.001, n = 12)$。雷诺数与分离度的相关性最强,二者之间的关系可以用线性函数定义:$y = 0.022x + 43.251 (R^2 = 0.3562, P < 0.05, n = 12)$。径流剪切力与斑块密度相关性最强,二者之间的关系可以用幂函数定义:$y = 18.953x^{-0.451} (R^2 = 0.946, P < 0.001, n = 12)$。径流功率与分离度相关性最强,二者之间的关系可以用线性函数定义:$y = 0.0001x + 0.1881 (R^2 = 0.609, P < 0.01, n = 12)$。阻力系数与斑块密度相关性最强,二者之间的关系可以用幂函数定义:$y = 2200.7x^{-1.53} (R^2 = 0.9567, P < 0.001, n = 12)$。

第 6 章
生物结皮盖度对坡面产沙的影响

6.1 引 言

土壤侵蚀是土地退化的主要原因之一,特别是在维管植物稀少的旱地生态系统中,土壤侵蚀威胁着全球的粮食安全和环境质量(Brevik et al.,2015;Ludwig et al.,2006)。因此,土壤侵蚀一直是全球学者关注的热点问题。

生物结皮对土壤抗侵蚀能力的作用已被全球专家学者证实。尽管目前生物结皮盖度变化对坡面产沙的研究已有不少有价值的成果,但产沙量与生物结皮盖度变化之间的量化关系尚不明确。

因此,本章以黄土丘陵区不同盖度的生物结皮坡面为研究对象,通过自然降雨和模拟降雨试验,分析不同盖度生物结皮坡面的产沙特征,明确坡面产沙与生物结皮盖度以及分布格局之间的量化关系,为后续揭示生物结皮盖度影响坡面产沙机理奠定基础。

6.2 材料与方法

本章研究区概况和试验设计与第 4 章人工模拟降雨试验相同。

6.2.1 参数计算

(1)产沙率

$$S = \frac{\sum S_j}{A \times t} \tag{6-1}$$

式中:S 为产沙率(g·m^{-2}·min^{-1}),S_j 为第 j 次取样的产沙量(g),t 为产沙时间(min),A 为坡面面积(m^2)。

(2)减沙效益

$$E_S = \frac{S_{CK} - S_C}{S_{CK}} \tag{6-2}$$

式中:E_S 为减沙效益(%),S_{CK} 为裸土小区产沙率(g·m^{-2}·min^{-1}),S_C 为生物结皮小区产沙率(g·m^{-2}·min^{-1})。

6.2.2 数据处理

运用 SPSS 19.0 对不同盖度梯度生物结皮小区产沙率、减沙效益进行单因素方差分析及 LSD 多重比较。在方差分析之前,使用 Kolmogorov-Smirnov test 方法检验数据的正态性,同时使用 Levene's test 方法对数据进行方差齐性检验。对产沙率与生物结皮盖度进行回归分析。用 Excel 2010、Orign 2020 以及 Visio 2013 等软件作图。

6.3　结果分析

6.3.1　模拟降雨试验下生物结皮盖度对坡面产沙的影响

6.3.1.1　不同盖度生物结皮坡面产沙过程

由于裸土的产沙率过大,图 6-1 为两幅不同盖度生物结皮坡面产沙率随降雨历时变化过程的折线图(图 6-1a 包括裸土坡面,图 6-1b 只有生物结皮坡面)。所有盖度梯度的生物结皮坡面产沙率均呈先增加后趋于平稳的趋势。随着生物结皮盖度的降低,初始产沙率增加。79%盖度的生物结皮坡面产沙率稳定最快,大约在 5 min 时趋于稳定。12%盖度的生物结皮坡面产沙率在降雨的前 15 min 急速增长,在24 min时达到最大,为 15.9 g·m^{-2}·min^{-1},随后产沙率呈波浪式递减,但变化幅度不大。

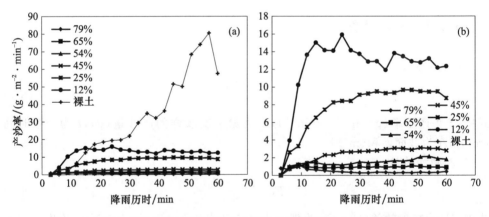

图 6-1　不同生物结皮盖度的坡面产沙过程:含裸土坡面(a)、不含裸土坡面(b)

裸土坡面的产沙率变化趋势与生物结皮坡面不同。裸土坡面的初始产沙时间较晚,但产沙后增长速率极快。降雨的前 15 min,裸土坡面的平均产沙率低于 12%盖度的生物结皮坡面。降雨 15 min 以后,裸土坡面的产沙率高于所有的生物结皮坡面,在 57 min 左右达到最大,为 80.6 g·m^{-2}·min^{-1},随后呈下降趋势。

6.3.1.2　坡面产沙率与生物结皮盖度的关系

随着生物结皮盖度降低,降雨 60 min 的坡面平均产沙率呈增加趋势(图 6-2)。其中,79%生物结皮盖度的坡面产沙率最小,为 0.5 g·m^{-2}·min^{-1}。12%盖度的坡面产沙率最大,为 12.1 g·m^{-2}·min^{-1},坡面产沙率是前者的 24.2 倍。LSD 多重比较结果显示,当生物结皮盖度从 79%下降至 65%、45%以及 25%时,产沙率均显著变化;其中,当生物结皮盖度从 45%下降至 25%时,产沙率增幅最大,高达 2.4 倍。

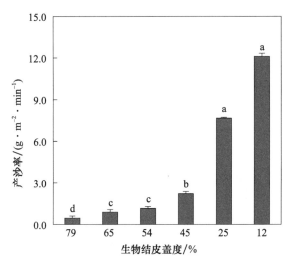

图 6-2　不同盖度生物结皮坡面的产沙率

将不同盖度生物结皮小区的产沙率与对应的结皮盖度数据分别绘制于坐标系中,得到图 6-3。由图可见,在 90 mm·h^{-1}雨强下,坡面产沙率随生物结皮盖度的增加而减小。9.3%生物结皮盖度小区的产沙率最大,为 14.49 g·m^{-2}·min^{-1}。78.4%生物结皮盖度小区的产沙率最小,为 0.28 g·m^{-2}·min^{-1}。当生物结皮盖度从 9.3%增加至78.4%时,产沙率减少了 98.1%。对试验条件下的产沙率和生物结皮盖度进行非线性回归,二者之间的关系可以用指数函数来定义,指数函数方程如下:

$$y=21.665e^{-0.05x}+1.0808 \quad (R^2=0.936,P<0.001,n=19) \tag{6-3}$$

式中:y 为 60 min 平均产沙率(g·m^{-2}·min^{-1}),x 为生物结皮盖度(%)。

生物结皮减沙效益随着生物结皮盖度降低呈降低趋势(图 6-4)。79%~12%盖度的平均减沙效益依次为 98.3%、96.6%、94.6%、91.2%、71.3% 和 54.7%。LSD多重比较结果显示,生物结皮盖度范围在 79%~45%时,生物结皮的减沙率并无显著变化。当生物结皮盖度从 45%下降至 25%时,生物结皮的减沙效益显著降低($P<0.05$)。当生物结皮盖度继续下降至 12%时,减沙效益从 71.3%显著降低至54.7%($P<0.05$)。

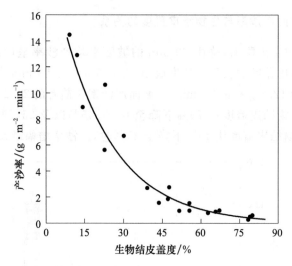

图 6-3　模拟降雨下产沙率与生物结皮盖度的量化关系

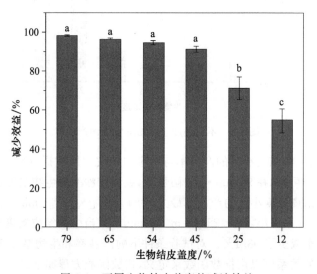

图 6-4　不同生物结皮盖度的减沙效益

6.3.1.3　坡面产沙率与生物结皮分布格局的关系

将各个生物结皮小区 60 min 的平均产沙率与对应的斑块密度、景观形状指数、斑块连接度以及分离度分别绘制于坐标系中，得到图 6-5。由图可知，产沙率随斑块密度、景观形状指数以及分离度的增加呈增长趋势，与之相反，产沙率随斑块连接度的增加呈减小的趋势。将产沙率作为因变量与景观格局指数进行曲线回归分析，得到的函数方程如下：

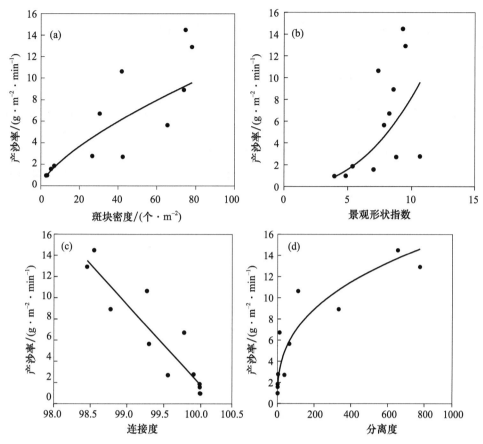

图 6-5　坡面产沙率与景观格局指数斑块密度(a)、景观形状指数(b)、
斑块连接度(c)、分离度(d)的关系

$$y = 0.4385P_D + 0.3916(R^2 = 0.8338, P < 0.001, n = 12) \tag{6-4}$$

$$y = 0.0339L_{SI}^{2.3867}(R^2 = 0.5203, P < 0.01, n = 12) \tag{6-5}$$

$$y = -7.6189C_{OH} + 763.62(R^2 = 0.8491, P < 0.001, n = 12) \tag{6-6}$$

$$y = 1.2971S_{PL}^{0.3639}(R^2 = 0.8529, P < 0.001, n = 12) \tag{6-7}$$

式中：y 为 60 min 平均产沙率($\text{g} \cdot \text{m}^{-2} \cdot \text{min}^{-1}$)，$P_D$ 为斑块密度(个 $\cdot \text{m}^{-2}$)，L_{SI} 为景观形状指数，C_{OH} 为斑块连接度，S_{PL} 为分离度。

　　回归结果表明，所有的景观格局指数与生物结皮坡面产沙率均显著相关。其中，斑块密度、斑块连接度、分离度与产沙率的相关关系相对较好，决定系数均大于0.8。而景观形状指数与产沙率的相关性相对较差。综合考虑，斑块密度、斑块连接度和分离度是对坡面产沙影响更大的景观格局指数。

6.3.2 自然降雨监测下生物结皮盖度对坡面产沙的影响

6.3.2.1 平均产沙率对比

本研究监测了 2020 年吴起县合沟小流域 6—9 月的所有降雨,共有 17 场大于 5 mm 的降雨,其中只有 2 场降雨产生了径流,降水量分别为 109.1 mm 和 46.9 mm。如图 6-6 所示,裸土坡面和生物结皮坡面的 6—9 月降雨平均产沙率分别为 532.3 g·m^{-2} 和 15.7 g·m^{-2}。生物结皮坡面与裸土坡面相比,显著降低了 97.1% 的泥沙量($P<$ 0.001)。而在自然降雨下,生物结皮小区减流效益为 75.1%。这一结果表明生物结皮的减沙作用显著高于减流作用。

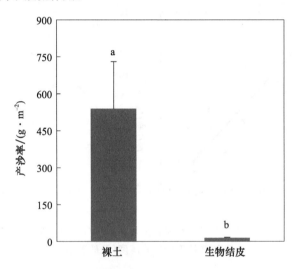

图 6-6　生物结皮小区与裸土小区产沙率对比

6.3.2.2 产沙率与生物结皮盖度的量化关系

将不同盖度生物结皮小区的自然降雨产沙率与对应的结皮盖度数据分别绘制于坐标系中,得到图 6-7。由图可见,自然降雨的坡面产沙率随生物结皮盖度的变化趋势与模拟降雨相似,产沙率随着生物结皮盖度的增加而减小。11.6% 生物结皮盖度小区的产沙率最大,为 24.8 g·m^{-2}。54.8% 生物结皮盖度小区的产沙率最小,为 7.7 g·m^{-2},产沙率减少了 69.0%。对试验条件下的产沙率和生物结皮盖度进行非线性回归,发现二者之间的关系可以用指数函数来定义,得到的指数函数方程如下:

$$y=20.755e^{-0.012x} \quad (R^2=0.3152, P<0.001, n=12) \tag{6-8}$$

式中:y 为 6—9 月自然降雨的总产沙率(g·m^{-2}),x 为生物结皮盖度(%)。

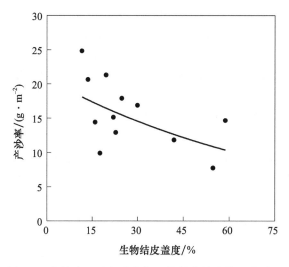

图 6-7 自然降雨下产沙率与生物结皮盖度的量化关系

6.4 讨 论

由于径流和侵蚀率不能简单地从一个尺度外推到另一个尺度,因此,需要大面积的径流小区来评估坡面的水土流失(Wilcox et al.,2003;Parsons et al.,2006)。许多坡面尺度的野外试验监测了生物结皮对坡面产流和产沙的影响。野外监测试验数据表明,实际贡献产流产沙的面积总是小于实际的径流小区面积(Lázaro et al.,2014)。降雨的间歇性特征导致了水文连通性的破坏,这可能导致上坡位产生的径流还没有流到下坡位时就已经全部入渗了,并可能会造成只有一小部分坡面产生径流和泥沙(Kidron,2011)。流域尺度上的研究表明,径流主要受径流连通性控制,而径流连通性受植被和生物结皮的空间分布影响(Cantón et al.,2001;Rodríguez-Caballero et al.,2014)。在低强度自然降雨(降水量<20 mm)时,生物结皮斑块产生的径流一般会被下坡位的植被截留;而在高强度自然降雨(降水量>20 mm)时,生物结皮斑块产生的径流超过植被容量而到达流域出口。然而,在低强度和高强度降雨期间,流域的泥沙均来自裸露的土壤或物理结皮区域,而生物结皮区域对泥沙的贡献几乎没有(Rodríguez-Caballero et al.,2014)。

目前,关于生物结皮对土壤水蚀影响的研究主要集中在大尺度的自然降雨监测和小尺度的模拟降雨试验(Belnap et al.,2013b;Cantón et al.,2001;Chamizo et al.,2012;Faist et al.,2017;Lázaro et al.,2014;Kidron,2011;Rodríguez-Caballero et al.,2014;Yair et al.,2011)。在坡面尺度上,生物结皮对侵蚀影响的研究较少。基于

此,本研究圈建了坡面尺度的生物结皮径流小区(10 m × 2.1 m),通过人工模拟降雨试验来明确坡面尺度上生物结皮盖度变化对坡面土壤流失的影响。本研究的结果表明,在坡面尺度上,坡面产沙率随生物结皮盖度增加而降低,这一结果与前人的研究一致。Eldridge(2003)利用降雨模拟发现,随着生物结皮盖度从 0%增加到 100%,土壤侵蚀减少了近两个数量级。在西班牙的一项研究发现,径流小区去除生物结皮后,自然降雨期间泥沙产量会显著增加(Chamizo et al.,2017)。美国科罗拉多州的一项研究发现,放牧干扰通过减少坡面的生物结皮盖度增加了泥沙产量(Fick et al.,2020)。这些研究定性地表明,生物结皮盖度的变化与坡面产沙量有很强的相关性。在此基础上,本研究进一步定量地确定了在坡面尺度上生物结皮盖度与产沙率之间存在着指数函数的关系。人工模拟降雨试验结果与自然降雨试验的结果均表明,产沙率和生物结皮盖度之间的关系可以用指数函数来定义:$y = ae^{-bx} + c$。

同时,在本章试验条件下生物结皮的减沙效益结果表明,25%的盖度是生物结皮减沙效益显著降低的拐点,当生物结皮盖度从 45%下降至 25%时,生物结皮的减沙效益显著降低($P < 0.05$)。而 25%的盖度也是产流时间、产流率、流速以及减流效益发生显著变化的临界点。因此,坡面径流量与侵蚀动力在 25%盖度时的显著变化最终导致了坡面产沙量的显著变化。综上所述,在本研究的试验条件下,25%的生物结皮盖度是影响坡面水土流失的关键盖度。当生物结皮盖度小于 25%时,坡面在极端降雨情况下水土流失的风险会急剧增加。虽然本章的临界生物结皮盖度是在单一雨强和坡度下得出的,当雨强坡度等因素发生变化时,临界盖度可能会发生变化,但本研究的结果证明了确实存在一个产流产沙发生显著变化的临界生物结皮盖度。因此,在黄土高原水土流失治理过程中应充分考虑生物结皮盖度这一因素。

6.5 小 结

本章以黄土丘陵区不同盖度的生物结皮坡面为研究对象,采用了野外人工模拟降雨和自然降雨试验,对不同盖度生物结皮坡面的产沙特征进行了研究,主要研究结果如下。

(1)生物结皮覆盖影响了坡面产沙过程,影响程度与生物结皮盖度有关。试验条件下的生物结皮坡面产沙率均呈先增加后趋于平稳的趋势,生物结皮盖度越低,产沙率增长越快。裸土坡面的产沙率变化趋势与生物结皮坡面不同,生物结皮坡面产沙率呈先增加后稳定的趋势,裸土坡面的产沙时间晚于生物结皮坡面,但产沙后增长速率极快。降雨的前 15 min,裸土坡面的产沙率低于 12%盖度的生物结皮坡面。降雨 15 min 以后,裸土坡面的产沙率高于所有的生物结皮坡面,并在 57 min 左右达到最大,为 80.6 g • m^{-2} • min^{-1},随后呈下降趋势。

(2)坡面产沙率随生物结皮盖度的增加呈降低趋势,二者之间呈指数函数关系:$y=ae^{-bx}+c$。模拟降雨下,当生物结皮盖度从 9.3%增加至 78.4%时,产沙率减少了 98.1%,坡面产沙率与生物结皮盖度之间的关系式为:$y=21.665e^{-0.05x}+1.0808$($R^2=0.936$,$P<0.001$,$n=19$)。自然降雨下,当生物结皮盖度从 11.6%增加至 54.8%时,产沙率减少了 69.0%,坡面产沙率与生物结皮盖度之间的关系式为:$y=20.755e^{-0.012x}$($R^2=0.3152$,$P<0.001$,$n=12$)。

(3)方差分析结果表明,79%生物结皮盖度的坡面产沙率最小,为 0.5 g • m^{-2} • min^{-1}。12%盖度的坡面产沙率最大,为 12.1 g • m^{-2} • min^{-1},坡面产沙率是前者的 24.2 倍。试验条件下,当生物结皮盖度从 45%下降至 25%时,产沙率增幅最大,增加了 2.4 倍。生物结皮的产沙率与减沙效益均显著降低($P<0.05$)。在 90 mm • h^{-1}雨强条件下,生物结皮坡面存在一个土壤流失发生显著变化的临界盖度。当坡面生物结皮盖度低于这个临界值时,坡面在极端降雨情况下土壤流失的风险会急剧增加。因此,在黄土高原水土流失治理过程中应充分考虑生物结皮盖度这一因素。

(4)生物结皮平均产沙率与结皮分布格局显著相关,其中,产沙率与分离度相关性最强。二者之间的关系可以用幂函数定义:$y=1.2971S_{PL}^{0.3639}$($R^2=0.8529$,$P<0.001$,$n=12$)。

第 7 章
生物结皮对土壤分离及泥沙输移的影响

7.1 引 言

　　降雨引起的土壤侵蚀是导致土地退化的主要原因之一,尤其是在维管植物稀疏的干旱半干旱地区,土壤侵蚀容易破坏土壤结构,降低土壤稳定性,最终导致陡坡滑坡、泥石流等地质灾害。被侵蚀的土壤最终进入河流、湖泊和水库,将降低河流、湖泊以及水库的蓄水防洪能力,从而引起洪水灾害。此外,大多数进入水体的泥沙可能会携带农药、化肥和营养物质,降低土地生产力,恶化水质。因此,干旱半干旱地区的水土流失一直是全球学者重点关注的问题。

　　生物结皮增加土壤抗侵蚀能力的作用已得到多国专家学者的证实。目前,已有大量的研究以各种生物结皮小区为研究对象,证实了生物结皮对土壤流失的影响,但几乎所有关于生物结皮坡面产沙的研究都是黑箱模型,主要关注出水口的泥沙量,而对生物结皮坡面的输沙过程知之甚少,生物结皮覆盖对土壤分离、搬运以及沉积的贡献尚不明确。科学认知土壤侵蚀过程,明确其规律,是构建土壤侵蚀模型的基础。因此,对生物结皮坡面的土壤流失过程了解的不足,制约了考虑生物结皮土壤侵蚀预报模型的修订。

　　稀土元素是指原子序数为57~71,具有相似化学性质的元素。稀土元素由于具有吸附土壤颗粒能力强、易于测量、自然界土壤中浓度极低、化学性质稳定以及对环境安全等优点,因此,被认为是比较理想的示踪元素。许多专家学者已成功利用稀土元素作为示踪剂,揭示了不同时空尺度下裸土坡面土壤的分离、搬运和沉积机制(Liu et al.,2016)。

　　因此,本章以生物结皮坡面为研究对象,采用模拟降雨试验,借助稀土示踪技术,研究降雨条件下生物结皮对坡面侵蚀产沙和沉积的贡献,揭示生物结皮对坡面输沙过程的影响。

7.2 材料与方法

7.2.1 试验材料

7.2.1.1 土壤及生物结皮采集

　　土壤采于陕西省安塞县典型坡耕地的表层土壤(0~20 cm)。土壤类型属于极易侵蚀的黄绵土,土壤的基本理化性质见表7-1。同时选取当地生物结皮发育到稳定阶段的摭荒坡地,调查生物结皮的盖度和组成后,采集 3～5 cm 土层厚度的结皮样品放置入方形塑料盘(长×宽×高＝30 cm×20 cm×5 cm)中,装入塑料筐中带回实验室备用。采集的生物结皮以藓结皮为主,主要藓种为短叶对齿藓、土生对齿藓以及银叶真藓等。

表 7-1　土壤基本理化性质

有机质含量 /(g·kg⁻¹)	全氮含量 /(g·kg⁻¹)	pH 值	颗粒组成/%				
			<0.002 mm	0.002～ 0.005 mm	0.005～ 0.02 mm	0.02～ 0.05 mm	≥0.05 mm
3.51	0.49	8.96	9.7	3.3	15.4	37.6	34.0

7.2.1.2　稀土氧化元素

本试验使用了氧化镧(La_2O_3)、氧化铈(CeO_2)作为示踪剂。稀土元素氧化物基本性质见表 7-2。

表 7-2　稀土元素氧化物物理性质

稀土元素	氧化物化学式	稀土元素分子量	氧化物分子量	纯度/%
铈	CeO_2	140.116	172.113	99.99
镧	La_2O_3	138.905	325.807	99.99

使用逐步稀释法将稀土元素氧化物与目标土壤均匀混合。在操作过程中需要确保各种稀土元素氧化物之间无交叉污染,具体操作步骤如下。

(1)选取野外采集的过 100 目(0.15 mm)筛土壤 2～3 kg 备用。

(2)根据试验要求,计算所需的示踪剂的质量,称取相应质量(精确至 0.0001 g)后与(1)中过 100 目筛的部分土壤混合,混匀后,继续加入部分土壤混匀,重复前面操作 3 次以上,确保稀土元素示踪剂与土壤混合均匀。

(3)野外采集的土壤过 2 mm 筛。根据土壤含水率和预铺设土槽的土壤容重,计算所需的土壤质量,称取土壤并将其堆置于室内平整地面上的干净的塑料布上,将(2)中已初步混合的土壤均匀洒在土堆表面,使稀土元素氧化物与土壤混合均匀。

(4)采用 2 mm 筛将步骤(3)中混匀后的土壤筛分,形成锥形土堆,重复筛分 4 次,以保证稀土元素示踪剂、土壤混合均匀,以备用。

(5)将工具清理干净,清扫地面,避免受到污染。

7.2.2　试验设计

7.2.2.1　降雨试验

模拟降雨试验在中国科学院、水利部水土保持研究所黄土高原土壤侵蚀与旱地农业国家重点实验室模拟降雨大厅进行。降雨模拟器喷头高度为 16 m,可实现自然降雨的终端速度。模拟降雨强度可在 $30\sim200$ mm·h^{-1}进行调节,通过控制喷嘴孔径和水压,可精确调节到目标强度。雨滴粒径分布范围为 $0.6\sim3.0$ mm。模拟降雨的雨滴均匀度大于 80%,在雨滴大小和分布上与自然降雨相似(郑粉莉 等,2004)。

降雨强度和降雨历时参考黄土高原的极端降雨事件,本次降雨强度设为 100 mm·h^{-1},持续时间为 30 min,暴雨重现期大于 100 a(Fu et al.,2020;Wang et al.,2016)。在降雨前,采用时域反射计(TDR)测量待降雨土槽的土壤体积含水量,采用喷水或晾晒的方法使各土槽的体积含水量保持一致的水平(16%±1%)。降雨前先确定雨强,待调试到目标雨强并且稳定时,开始降雨。降雨过程中,待坡面产流时记录产流时间并采集径流泥沙,此后每 3 min 采集一次径流泥沙样品并记录产流量、流速及径流温度。

7.2.2.2　稀土元素布设

自制移动式土槽 6 个,土槽尺寸为:长×宽×高＝2.0 m×1.0 m×0.5 m。坡度 15°。填装过程中将土壤容重控制在 1.3 g·m^{-3}左右,分层填装土壤,每层厚度 10 cm,在填装下一土层前将土壤表层打毛,以消除土层之间的垂直层理,总填土高度为 40 cm。土槽填土完成后,将野外采集的生物结皮按照棋盘格局接种在土壤表层,高度与出水口平行。生物结皮与裸土斑块尺寸均为 20 cm×20 cm。生物结皮盖度定为 60%。为了测试汇流的效果,将混合好的氧化铈和氧化镧 2 种稀土元素氧化物土壤按照图 7-1 交替填装在土槽中部,填装深度为 5 cm,填装容重为 1.3 g·m^{-3}。在裸土区域填装氧化铈,在生物结皮下层填装氧化镧。以裸土土槽作为对照,每个处理设 3 个重复。降雨后采集稀土布设区以下各个斑块土壤样品,测试各个斑块稀土元素浓度,用于计算稀土布设区域被分离土壤在坡面的沉积量。稀土背景浓度见表 7-3。

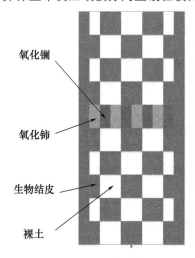

氧化镧
氧化铈
生物结皮
裸土

图 7-1　生物结皮分布格局及稀土布设

表 7-3　稀土元素的背景浓度与布设浓度

稀土元素	裸土土槽背景值 /(mg·kg^{-1})	生物结皮土槽背景值 /(mg·kg^{-1})	布设浓度 /(mg·kg^{-1})
铈	36.1	36.4	667.3
镧	9.4	9.6	233.9

7.2.3　试验方法

7.2.3.1　稀土元素测试方法

土壤样品中的稀土元素氧化物含量的测定由陕西土地建设集团土地工程质量检测有限责任公司完成。采用美国安捷伦科技公司制造生产的型号为 Agilent 7700e 的电感耦合等离子体质谱仪(ICP-MS)测定。

使用 Agilent 7700e ICP-MS 测定稀土元素含量的试验过程主要包括土壤消解及元素测定,主要步骤如下。

(1)准确称取 0.1 g(精确至 0.0001 g)经风干、研磨,粒径小于 0.149 mm 的土壤样品,置于消解罐中,加入 4 mL 硝酸、1 mL 盐酸、1 mL 氢氟酸、1 mL 过氧化氢,将消解罐放入微波消解装置,设定程序进行消解。

(2)消解后冷却至室温,然后将消解罐放至赶酸器中,于 150 ℃ 敞口赶酸至内溶物近干。

(3)待提取液滤尽后,用去离子水清洗聚四氟乙烯消解罐的盖子内壁、罐体内壁和滤渣至少 3 次,洗液一并过滤收集于容量瓶中,用去离子水定容至 50 mL。取上清液待测。

(4)用 2% 硝酸配制浓度为 0 μg·L^{-1}、10 μg·L^{-1}、20 μg·L^{-1}、50 μg·L^{-1}、100 μg·L^{-1}、200 μg·L^{-1}、500 μg·L^{-1} 的多元素混合标准溶液,用 2% 硝酸配制 500 μg·L^{-1} 多元素内标溶液。

(5)编辑全定量分析方法,包括选择测定的元素、重复测定次数、各元素信号积分时间、报告方式、测定方法和校准曲线表等。待仪器稳定后,将内标管放入硝酸溶液配制的内标溶液中,分别测定已配制好的重金属混合标准使用溶液系列,得到标准系列曲线,测定样品,处理数据。

7.2.3.2　径流、泥沙、流速收集测量

坡面产流后记录初始产流时间,每隔 3 min 收集一次径流泥沙样,用量筒测量径

流量并记录径流温度。105 ℃烘箱干燥 24 h 后测定径流样品中的泥沙重量。采用 KMnO₄ 作为示踪剂测量径流流速。记录示踪剂通过土槽中间位置 1 m 距离的时间。每 3 min 测量 3 次。

7.2.4　参数计算

(1)稀土区产沙量

各稀土区产沙量根据元素守恒原理计算,并参考校正参数。

$$S_i = \frac{(R_i - B_i)/\eta}{C_i} W \tag{7-1}$$

式中:S_i 表示第 i 种稀土区的产沙量(g),R_i 表示第 i 种稀土的实测浓度(mg·kg^{-1}),B_i 表示第 i 种稀土的背景值浓度,W 表示出水口收集到的泥沙质量(kg),C_i 表示第 i 种稀土的布设浓度,η 为泥沙中粉粒与土壤中粉粒的比值。

(2)稀土区泥沙沉积量

$$D_{ij} = \frac{(R_i - B_i)/\eta}{C_i} M_j \tag{7-2}$$

式中:D_{ij} 表示第 i 种稀土在第 j 区域的泥沙沉积量(g),R_i 表示第 i 种稀土的实测浓度(mg·kg^{-1}),B_i 表示第 i 种稀土的背景值浓度,M_j 表示第 j 区域采集的土壤质量(kg),C_i 表示第 i 种稀土的布设浓度,η 为泥沙中粉粒与土壤中粉粒的比值。

(3)泥沙沉积率

$$D_r = \frac{\sum\limits_i^n D_{ij}}{A_j} \tag{7-3}$$

式中:D_r 为泥沙沉积率(g·m^{-2}),D_{ij} 表示第 i 种稀土在第 j 区域的泥沙沉积量(g),A_j 为第 j 块区域的面积(m^2)。

(4)泥沙分离量

$$E_i = \sum S_i + \sum D_{ij} \tag{7-4}$$

式中:E_i 为第 i 种稀土的泥沙分离量(g),S_i 表示第 i 种稀土区的产沙量(g),D_{ij} 表示第 i 种稀土在第 j 区域的泥沙沉积量(g)。

(5)泥沙输移比

$$S_{DR} = \frac{\sum S_i}{\sum E_i} \tag{7-5}$$

式中:S_{DR} 为泥沙输移比,E_i 为第 i 种稀土的泥沙分离量(g),S_i 表示第 i 种稀土区的产沙量(g)。

7.2.5 数据处理

运用 SPSS 19.0 对裸土坡面和生物结皮坡面的初始产流时间、产沙率、产沙量、沉积量以及土壤分离量进行单因素方差分析及 LSD 多重比较。在方差分析之前，使用 Kolmogorov-Smirnov test 方法检验数据的正态性，同时使用 Levene's test 方法对数据进行方差齐性检验。用 Excel 2010、Orign 2020 以及 Visio 2013 等软件作图。

7.3 结果分析

7.3.1 生物结皮对坡面产沙的贡献

7.3.1.1 生物结皮坡面与裸土坡面产流产沙过程

生物结皮坡面与裸土坡面初始产流时间如图 7-2a 所示。裸土坡面和生物结皮坡面的初始产流时间分别为 40.7 s 和 65.3 s，方差分析结果显示二者之间并没有显著差异（$P>0.05$）。裸土坡面和生物结皮坡面的产流过程如图 7-2b 所示。裸土坡面和生物结皮坡面的产流率均随降雨历时的增加而逐渐增加，但二者的增加速率不同。生物结皮坡面和裸土坡面的初始产流率分别为 0.75 mm·min^{-1} 和 1.51 mm·min^{-1}，裸土坡面的产流率是生物结皮坡面的 2 倍。随着降雨历时的增加，生物结皮坡面产流率迅速增加，降雨 30 min 时产流率达到了 1.63 mm·min^{-1}，较初始产流率增加了 117%。裸土坡面的产流率在降雨过程中始终高于生物结皮坡面，且稳定较快，在降雨 30 min 时达到了 1.75 mm·min^{-1}，较初始产流率仅增加了 16%。生物结皮坡面和裸土坡面的 30 min 平均产流率分别为 1.35 mm·min^{-1} 和 1.7 mm·min^{-1}，裸土坡面产流率是生物结皮坡面的 1.3 倍。

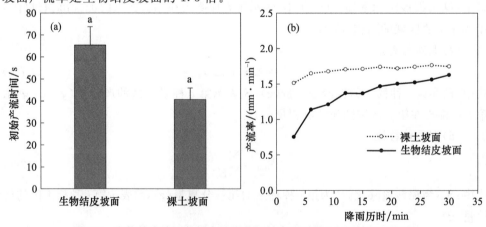

图 7-2　生物结皮坡面与裸土坡面的初始产流时间（a）和产流过程（b）

生物结皮坡面的产沙率随降雨历时增加呈增加趋势(图 7-3)。裸土坡面的产沙率变化趋势与生物结皮坡面不同,其初始产沙率极大,然后呈先下降再缓慢增加的趋势。生物结皮坡面与裸土坡面的初始产沙率分别为 7.2 g・min^{-1}・m^{-2}和 144.3 g・min^{-1}・m^{-2},裸土坡面的产沙率是生物结皮坡面的 20 倍。随着降雨历时的增加,生物结皮坡面产沙率迅速增加,降雨 30 min 时产沙率达到了 59.6 g・min^{-1}・m^{-2},较初始产沙率增加了 728%。裸土坡面的产沙率在降雨过程中始终高于生物结皮坡面,在降雨 30 min 时达到了 95.4 g・min^{-1}・m^{-2},较初始产沙率减少了 34%。生物结皮坡面和裸土坡面的 30 min 平均产沙率分别为 23.7 g・min^{-1}・m^{-2}和 96.4 g・min^{-1}・m^{-2},裸土坡面产沙率是生物结皮的 4 倍。

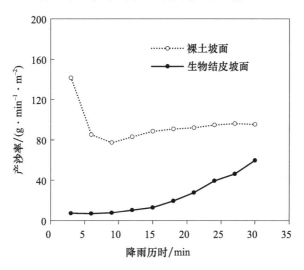

图 7-3　生物结皮坡面与裸土坡面的产沙过程

7.3.1.2　生物结皮坡面与裸土坡面流速变化特征

裸土坡面和生物结皮坡面流速随降雨时间的变化特征如图 7-4 所示。生物结皮坡面和裸土坡面流速随降雨时间的增加均呈现出先略微增加后逐渐稳定的趋势,但裸土坡面的流速始终高于生物结皮坡面,且波动较大。生物结皮坡面初始产流时的流速为 0.0237 m・s^{-1},裸土坡面的初始流速为 0.0783 m・s^{-1},裸土坡面流速是生物结皮坡面的 3.3 倍。随着降雨历时的增加,降雨 30 min 时,生物结皮坡面的流速达到了 0.054 m・s^{-1},较初始流速增加了 128%;裸土坡面流速达到了 0.0897 m・s^{-1},较初始流速仅增加了 15%。生物结皮坡面和裸土坡面降雨 30 min 后的平均径流流速分别为 0.0434 m・s^{-1}和 0.0923 m・s^{-1},后者是前者的 2.1 倍。

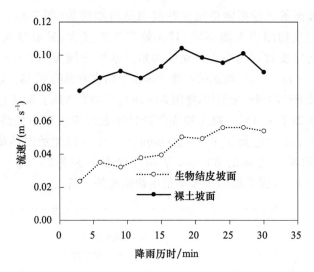

图 7-4 生物结皮坡面与裸土坡面的径流流速变化特征

7.3.1.3 生物结皮坡面不同区域产沙对比

为了量化生物结皮覆盖对坡面产沙量及产沙过程的影响,采用出水口检测到的 La 代表生物结皮覆盖区域的产沙,Ce 代表裸土区域的产沙。根据式(7-1)计算的裸土坡面和生物结皮坡面各区域的产沙率如图 7-5 所示。对于生物结皮坡面,Ce 区和 La 区产沙率的变化趋势明显不同(图 7-5a)。总体来说,代表生物结皮覆盖区域的 La 区的产沙率远低于代表裸土区域的 Ce 区。Ce 区产沙率在降雨 24 min 内迅速增加,然后趋于稳定,而 La 区的产沙率随降雨时间增长缓慢增加。方差分析结果表明,

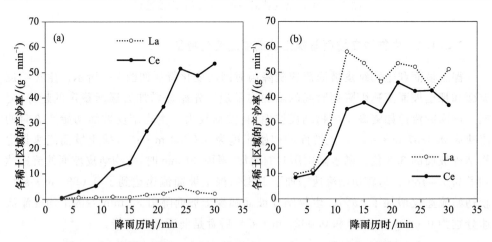

图 7-5 生物结皮坡面(a)与裸土坡面(b)Ce 区与 La 区产沙率时间过程对比

降雨前 15 min,Ce 区和 La 区的产沙率没有显著差异。降雨 18 min 时,Ce 区的产沙率显著高于 La 区($P<0.05$)。Ce 区在降雨 3 min 时的初始产沙率为 0.54 g·min^{-1},降雨时间增加至 18 min 时,Ce 区的产沙率增加至 26.58 g·min^{-1},显著高于其初始产沙率。而 La 区的初始产沙率为 0.23 g·min^{-1},降雨时间增加至 21 min 时,La 区的产沙率增加至 2.14 g·min^{-1},显著高于其初始产沙率($P<0.05$)。Ce 区和 La 区降雨 30 min 的平均产沙率分别为 25.2 g·min^{-1} 和 1.6 g·min^{-1};Ce 区和 La 区总产沙量分别为 756.4 g 和 49.1 g,前者是后者的 15.4 倍。这一结果说明,相较于裸土,生物结皮对土壤的保护能力是十分显著的。

7.3.1.4　裸土坡面不同区域产沙对比

另外,设置裸土坡面作为对照,参照生物结皮坡面在同样的位置上布设浓度一致的稀土元素 Ce 和 La,此处理用于明确在没有生物结皮覆盖的情况下 2 个稀土区域的产沙特征是否一致。裸土坡面上,Ce 区和 La 区产沙率都随降雨时间的增加呈先快速增长后波动变化的趋势(图 7-5b)。降雨 30 min 期间,Ce 区和 La 区的平均产沙率分别为 31.3 g·min^{-1} 和 40.8 g·min^{-1},Ce 区和 La 区的总产沙量分别为 937.6 g 和 1224.4 g。方差分析结果显示,二者之间无显著性差异($P>0.05$)。结果表明,在没有生物结皮覆盖的情况下,裸土坡面各区域的产沙率和产沙过程大致相似。

7.3.1.5　生物结皮坡面与裸土坡面同区域产沙对比

裸土坡面 La 区产沙率始终高于生物结皮坡面(图 7-6a)。降雨 9 min 后,裸土坡面 La 区产沙率显著高于生物结皮坡面($P<0.05$)。裸土坡面 Ce 区产沙率在前 21 min 高于生物结皮坡面,后 9 min 低于生物结皮坡面(图 7-6b)。方差分析结果显

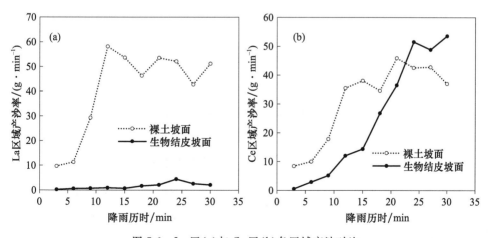

图 7-6　La 区(a)与 Ce 区(b)各区域产沙对比

示,降雨 12～15 min,裸土坡面 Ce 区产沙率显著高于生物结皮坡面($P<0.05$)。Ce 代表的是裸土区域的产沙率,结果表明,虽然都是 Ce 区,但由于生物结皮覆盖的影响,生物结皮坡面 Ce 区(裸土区域)的产沙率随降雨时间的变化特征与裸土坡面相同区域差异显著。

7.3.1.6　生物结皮覆盖对产沙的贡献

生物结皮坡面 Ce 区和 La 区产沙百分比的时间过程对比如图 7-7 所示。Ce 区和 La 区的产沙百分比的变化趋势相反。Ce 区的产沙百分比随降雨时间的增加由 69.8% 增加至 96.1%,La 区的产沙百分比由 30.2% 减少到 3.9%。出水口收集到的泥沙主要来源是 Ce 区,La 区和 Ce 区的产沙贡献分别占出水口收集的总泥沙量的 6.1% 和 93.9%。

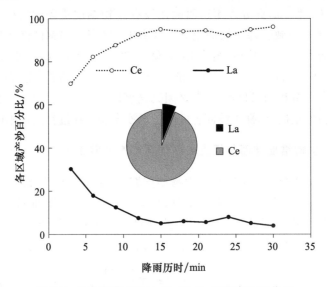

图 7-7　生物结皮坡面上 La 区、Ce 区的产沙百分比

7.3.2　生物结皮对坡面泥沙沉积分布的影响

7.3.2.1　生物结皮坡面与裸土坡面稀土元素分布特征

降雨 30 min 后生物结皮坡面和裸土坡面的稀土元素 Ce 和 La 在稀土布设区域下方坡面的浓度分布情况如图 7-8 所示。2 种稀土元素的浓度均随着距稀土布设区距离的增加而逐渐降低。同时,生物结皮坡面的稀土元素浓度高于裸土坡面。裸土坡面 Ce 和 La 的平均浓度分别为 37.9 mg·kg^{-1} 和 12.0 mg·kg^{-1},略高于背景浓

度(36.1 mg·kg^{-1}和9.4 mg·kg^{-1})。生物结皮坡面Ce和La的平均浓度分别为109.5 mg·kg^{-1}和12 mg·kg^{-1},Ce的浓度是背景值的3倍。值得注意的是,Ce浓度高的区域与生物结皮斑块高度重合(图7-8c)。t检验结果显示,裸土坡面与生物结皮坡面La浓度差异不显著($P=0.875$),Ce浓度差异显著($P<0.001$)。Ce代表的是来源于裸土区域的泥沙,La代表来源于生物结皮区域的泥沙。结果表明,在生物结皮坡面,La区的泥沙沉积量较Ce区更多,泥沙主要来源于没有生物结皮覆盖的裸土区域;而裸土坡面泥沙沉积量相对于生物结皮坡面非常小。

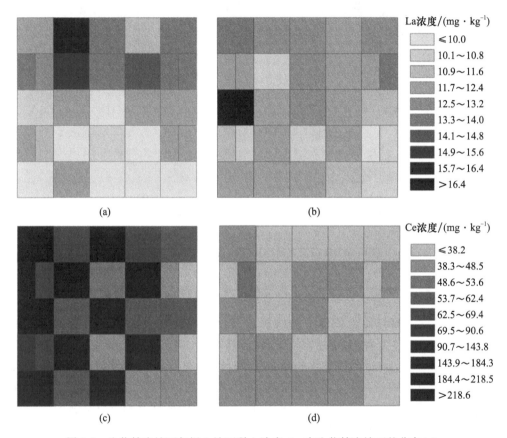

图7-8　生物结皮坡面与裸土坡面稀土浓度:La在生物结皮坡面的分布(a)、
La在裸土坡面的分布(b)、Ce在生物结皮坡面的分布(c)、Ce在裸土坡面的分布(d)

7.3.2.2　生物结皮坡面与裸土坡面泥沙沉积分布特征

降雨30 min后生物结皮坡面与裸土坡面的泥沙沉积特征如图7-9所示。坡面泥沙沉积率随着距上方稀土布设区的距离增加而减少。生物结皮坡面的泥沙沉积率的范围为113~2567 g·m^{-2},裸土坡面的泥沙沉积率的范围为27~464 g·m^{-2}。

生物结皮坡面的平均泥沙沉积率为 891.3 g·m^{-2},裸土坡面的平均泥沙沉积率为 153.8 g·m^{-2},生物结皮坡面的平均泥沙沉积率是裸土坡面的 5.8 倍。同时,生物结皮坡面泥沙沉积率高的区域与生物结皮斑块的分布高度重合。这些结果表明,生物结皮对上方汇流中的泥沙有着明显的拦截作用。

泥沙沉积率/(g·m^{-2})

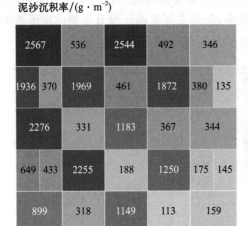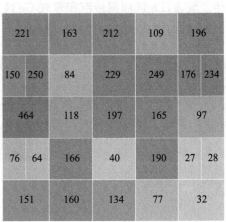

(a)　　　　　　　　　　　　　(b)

0　　　　1250　　>2500

图 7-9　降雨后生物结皮坡面(a)与裸土坡面(b)泥沙沉积分布特征

7.3.2.3　生物结皮坡面与裸土坡面泥沙沉积率随距离变化特征

生物结皮坡面与裸土坡面泥沙沉积百分比随稀土布设区距离的变化特征如图 7-10 所示。总体上看,对于生物结皮坡面(图 7-10a),Ce 区的泥沙沉积量占总泥沙沉积量的 20.5%,La 区的泥沙沉积量占 79.5%,La 区泥沙沉积量的百分比显著高于 Ce 区($P<0.05$)。其中,Ce 区的泥沙沉积百分比从距离稀土布设区域 10~90 cm 依次降低,分别为 30%、24%、20%、14%、12%;La 区的泥沙沉积百分比从距离稀土布设区域 10~90 cm 依次降低,分别为 27%、24%、19%、19%、11%。

对于裸土坡面(图 7-10b),Ce 区和 La 区泥沙沉积量分别占总泥沙沉积量的 42.9% 和 57.1%,二者之间并没有显著差异($P>0.05$)。这说明裸土坡面的泥沙沉积相对于生物结皮坡面,在各区域的分布大致是均匀的。同时,裸土坡面泥沙沉积随距离的分布特征与生物结皮坡面不同,Ce 区的泥沙沉积百分比从距离稀土布设区域 10~90 cm 分别为 21%、34%、21%、6%、18%;La 区的泥沙沉积百分比分别为 24%、20%、29%、15%、12%。

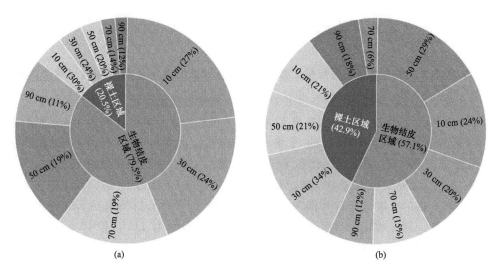

图 7-10　降雨后生物结皮坡面(a)与裸土坡面(b)泥沙沉积百分比随距离变化特征

　　生物结皮坡面与裸土坡面泥沙沉积率随距稀土布设区距离的变化特征如图 7-11 所示。由图可见,在生物结皮坡面,距稀土布设区 10 cm、30 cm、50 cm、70 cm以及 90 cm 的泥沙沉积率分别为 1297.2 g·m^{-2}、1017.8 g·m^{-2}、900.4 g·m^{-2}、727.9 g·m^{-2}以及 527.9 g·m^{-2}。LSD 多重比较结果显示,当距稀土布设区的距离从 10 cm 增加至 70 cm 时,泥沙沉积率会显著降低($P<0.05$)。在裸土坡面,距稀土布设区 10 cm、30 cm、50 cm、70 cm 以及 90 cm 的泥沙沉积率分别为 180.1 g·m^{-2}、193.5 g·m^{-2}、208.2 g·m^{-2}、98.7 g·m^{-2}以及 110.9 g·m^{-2}。LSD 多重比较结果显示,裸土坡面不同距离的泥沙沉积率之间并没有显著差异($P>0.05$)。这些结果表明,随着距稀土布设区距离的增加,生物结皮坡面的泥沙沉积量逐渐降低,而裸土坡面的泥沙沉积量较生物结皮坡面在坡面的纵向分布更均匀。

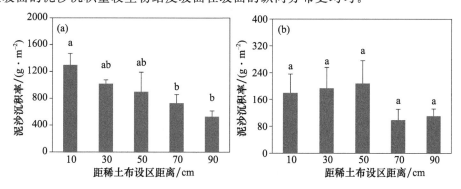

图 7-11　降雨后生物结皮坡面(a)与裸土坡面(b)泥沙沉积率随距离变化特征

7.3.3 生物结皮对土壤分离及泥沙输移过程的影响

7.3.3.1 生物结皮坡面与裸土坡面各稀土区域的土壤分离量、沉积量以及产沙量

生物结皮坡面与裸土坡面各区域的产沙量、泥沙沉积量以及土壤分离量如图 7-12 所示。由图可见,生物结皮坡面来自 La 区和 Ce 区的土壤分离量分别为 134 g 和 1621 g,Ce 区的土壤分离量是 La 区的 12 倍。生物结皮坡面来自 La 区和 Ce 区的沉积量分别为 85 g 和 865 g,Ce 区的沉积量是 La 区的 10 倍。生物结皮坡面来自 La 区和 Ce 区的产沙量分别为 49 g 和 756 g,Ce 区的产沙量是 La 区的 15 倍。裸土坡面来自 La 区和 Ce 区的土壤分离量分别为 1224 g 和 938 g,方差分析结果显示二者之间没有显著差异。裸土坡面来自 La 区和 Ce 区的沉积量分别为 119 g 和 40 g,方差分析结果显示二者之间没有显著差异。裸土坡面来自 La 区和 Ce 区的产沙量分别为 1343 g 和 977 g,方差分析结果显示二者之间没有显著差异。这些结果表明,裸土坡

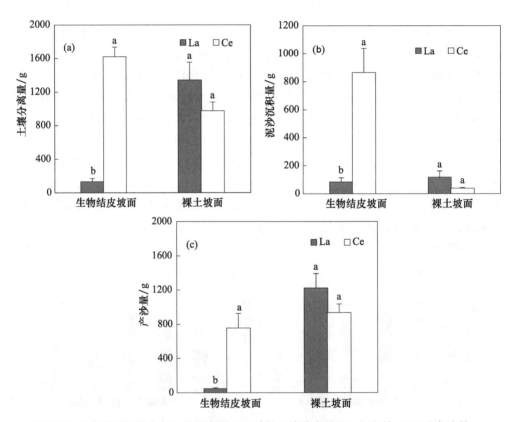

图 7-12 生物结皮坡面与裸土坡面各稀土区域的土壤分离量(a)、沉积量(b)以及产沙量(c)

面各稀土区域的土壤分离量、泥沙沉积量以及产沙量均没有显著差异;而生物结皮坡面来自生物结皮覆盖区域(La 区)的土壤分离量、泥沙沉积量以及产沙量均显著低于无结皮覆盖的裸土区域(Ce 区)。

7.3.3.2　生物结皮坡面与裸土坡面的总土壤分离量、沉积量以及产沙量

生物结皮坡面与裸土坡面稀土布设区的总产沙量、泥沙沉积量以及土壤分离量如图 7-13 所示。由图可见,裸土坡面的产沙量显著高于生物结皮坡面,二者的总产沙量分别为 2162 g 和 805 g。生物结皮坡面的泥沙沉积量显著高于裸土坡面,二者的总泥沙沉积量分别为 949 g 和 158 g。裸土坡面的土壤分离量显著高于生物结皮坡面,二者的总土壤分离量分别为 2320 g 和 1755 g。与裸土坡面相比,生物结皮坡面的总产沙量减少了 62.8%,总沉积量增加近 5 倍,总分离量减少 24%。

将坡面总产沙量与总分离量相除,得到生物结皮坡面和裸土坡面的泥沙输移比分别为 0.93 和 0.46。这一结果表明,生物结皮坡面被径流剥蚀的泥沙只有 46% 会输送到出水口,而裸土坡面被分离的泥沙几乎(93%)都会被输送到出水口,生物结皮的覆盖减少了 50.5% 的泥沙输移比。

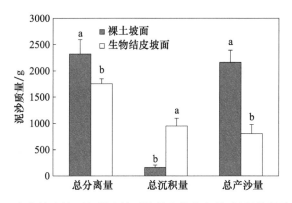

图 7-13　生物结皮坡面与裸土坡面的总土壤分离量、沉积量以及产沙量

7.3.3.3　生物结皮对泥沙输移过程的影响

在土壤侵蚀过程中,存在着分离限制和搬运限制两种控制条件。前者是指土壤具有较强的抗侵蚀能力,雨滴和径流分离土壤颗粒的能力小于径流输沙能力,此时侵蚀过程受到分离能力的限制;后者意味着雨滴和径流能够分离足够的土壤,但径流的输沙能力小于分离土壤颗粒的能力,此时侵蚀受到输沙能力的限制。在本章中,生物结皮坡面裸土区域的土壤分离量是生物结皮覆盖区域的 12 倍。这一结果显示,生物结皮覆盖区域的土壤由于生物结皮的锚定结构保护了下层土壤免受雨滴和径流的直接击打和剥离,从而限制了土壤被雨滴和径流分离(Belnap,2006;Liu et al,2016；Zhao et al.，2014）。生物结皮坡面 93.9％的产沙量主要来自于无生物结皮保护的裸土区域。

本章中，生物结皮坡面泥沙沉积率高的区域与生物结皮斑块高度重合，并且生物结皮坡面的泥沙沉积量是裸土坡面的 5 倍。数据表明，生物结皮可以显著拦截径流中被分离的土壤颗粒。同时，生物结皮坡面和裸土坡面的泥沙输移比分别为 0.46 和 0.93。这些结果表明，生物结皮坡面的土壤被雨滴和径流分离后并不是所有的泥沙均会被径流输送到出水口，超过一半的泥沙会被生物结皮拦截在侵蚀源和出水口之间，而裸土坡面的土壤被径流分离后几乎所有的泥沙都在没有任何阻拦的情况下被输送到出水口处。以上结果表明，生物结皮通过显著的对泥沙的拦截作用限制了径流对泥沙的输送。

综上所述，生物结皮通过分离限制和搬运限制两种方式减少了最终的坡面产沙量。一方面，生物结皮通过自身的覆盖作用，限制了下层土壤被雨滴和径流分离；另一方面，生物结皮通过对泥沙的拦截作用，限制了径流对泥沙的输送。

7.4 讨　论

结果表明，在强降雨条件下，生物结皮坡面相较于裸土坡面显著降低了坡面产沙率。生物结皮坡面和裸土坡面平均产沙率分别为 23.7 g・min^{-1}・m^{-2}和 96.4 g・min^{-1}・m^{-2}。这一结果与以往的研究结果一致（Chamizo et al. 2012；Yang et al.，2022）。生物结皮的锚定结构可以在降雨时保护土壤免受雨滴和径流的直接影响，从而显著降低了径流对土壤的分离能力（Belnap，2006；Liu et al.，2016；Zhao et al.，2014）。生物结皮在干旱半干旱地区抗侵蚀方面的重要作用已为国内外学者所广泛接受（Belnap et al.，2013b；Bowker et al.，2008），但在以往的研究中，尚未明确计算出生物结皮对坡面产沙的贡献以及对泥沙沉积的拦截作用。

因此，这里使用稀土元素作为示踪剂，厘清了生物结皮坡面的产沙来源以及生物结皮对泥沙的拦截作用。结果表明，生物结皮能够显著降低坡面产沙，但并不能完全保护下层土壤免受径流侵蚀。生物结皮的产沙贡献占生物结皮坡面出口测得总泥沙量的 6.1％。降雨 18 min 后，裸土区域的产沙率显著高于初始产沙率。降雨 21 min 后，生物结皮区域的产沙率显著高于初始产沙率。根据这些结果，可以推断出生物结皮坡面的土壤流失过程。在降雨 18 min 时，生物结皮斑块周围的裸土区域侵蚀加剧，形成了小的侵蚀沟，导致生物结皮覆盖下的土壤侧面暴露了出来。此时，坡面径流就可以较为容易地剥离侧面被暴露出来的土壤。也就是说，裸土区域土壤侵蚀的增加间接加剧了生物结皮覆盖下土壤的侵蚀。

结果表明，生物结皮坡面与裸土坡面同一位置的裸土区域的产沙率的时间变化过程存在差异。生物结皮样地的裸土区域在前 21 min 的产沙率低于裸土坡面的同位置区域。这可能与生物结皮覆盖引起的径流水动力特征变化有关。生物结皮,尤其是藓结皮的外部形态对流速有明显的影响。在湿润时,藓结皮的叶片会膨胀、展开,从而显著增加结皮的表面积,为坡面径流增加了障碍(Eldridge,2003)。这里生物结皮以藓结皮为主,因此,生物结皮的覆盖显著降低了径流流速,从而降低了径流的侵蚀动力。此外,生物结皮的覆盖会影响径流的流型流态(Yang et al.,2022),使坡面更难发生侵蚀。

在 90 mm·h^{-1}雨强条件下,生物结皮坡面和裸土坡面稀土布设区产沙量分别为 805 g 和 2162 g。生物结皮的覆盖显著降低了出水口的产沙量,这一结果与过往的研究结果一致(Chamizo et al.,2012;Yang et al.,2022)。值得注意的是,这里生物结皮显示出很强的拦截泥沙能力。生物结皮坡面泥沙沉积率高的区域与生物结皮斑块高度重合,并且生物结皮坡面的泥沙沉积量显著高于裸土坡面,生物结皮坡面的泥沙沉积量为 949 g,是裸土坡面的 5 倍。生物结皮的外部形态可能是其能够拦截部分泥沙的原因(Mallen-Cooper et al.,2016)。本章中,藓结皮在湿润时扩张的叶片可以增加其表面积,从而有效地捕获坡面径流中的泥沙颗粒(Eldridge,2003)。同时,藓结皮可以增加坡面阻力,减缓径流流速,从而降低径流的挟沙力(Brotherson et al.,1983;Bowker et al.,2010;Zhang et al.,2010),使得径流中的泥沙更容易沉积。本研究的结果表明,生物结皮的覆盖显著降低了泥沙输移比,由于泥沙输移比在各种土壤侵蚀预测模型中发挥着关键作用(Michalek et al.,2021),因此将生物结皮对泥沙的拦截作用引入土壤侵蚀模型中是十分必要的。

虽然这里量化了生物结皮对产沙和沉积的贡献,也明确了一定盖度下(60% 盖度)生物结皮坡面的土壤侵蚀过程,但当生物结皮盖度发生变化时,生物结皮对坡面土壤分离、运输、沉积过程的影响仍不明确,需要进一步研究。

7.5　小　　结

本章以生物结皮坡面为研究对象,利用稀土示踪技术和模拟降雨试验,定量计算降雨条件下生物结皮坡面的泥沙来源及沉积量,主要研究结果如下。

(1)出水口收集到的泥沙主要来源是无生物结皮覆盖的裸土区域。降雨 30 min 后,生物结皮坡面裸土区域和生物结皮区域的产沙量分别为 756 g 和 49 g,分别占出水口收集的总泥沙量的 93.9% 和 6.1%。生物结皮坡面裸土区域的产沙量是生物结皮覆盖区域的 15 倍。

(2)由于生物结皮覆盖的影响,生物结皮坡面裸土区域的产沙率随降雨时间的变化特征与裸土坡面相同位置的裸土区域差异显著。生物结皮坡面裸土区域的产沙率在前 21 min 低于裸土坡面同位置的裸土区域,后 9 min 大于裸土坡面同位置的裸土区域。

(3)生物结皮有着显著的拦截泥沙的能力。降雨 30 min 后,生物结皮坡面的泥沙沉积量为 949 g,是裸土坡面的 5 倍。同时,生物结皮坡面泥沙沉积率高的区域与生物结皮斑块的分布高度重合。

(4)生物结皮拦截泥沙的效果与距侵蚀源的距离有关。随着距稀土布设区距离的增加,生物结皮坡面的泥沙沉积量逐渐降低,而裸土坡面的泥沙沉积量较生物结皮坡面在坡面的纵向分布更均匀。

(5)生物结皮坡面出水口处收集到的泥沙量显著低于裸土坡面,这在很大程度上是由生物结皮显著的拦截泥沙的能力所造成的。生物结皮坡面和裸土坡面的泥沙输移比分别为 0.46 和 0.93。裸土坡面的土壤被径流分离后几乎所有的泥沙都在没有任何阻拦的情况下被输送到出水口处;而生物结皮坡面被径流分离的土壤超过一半被生物结皮拦截在侵蚀源和出水口之间。以往的研究大多关注生物结皮对下层土壤的保护作用,或者是整个径流小区的产沙量,而忽略或低估了生物结皮对泥沙的拦截作用。

第 8 章

生物结皮盖度影响坡面产沙的水动力学机制

8.1　引　言

坡面产沙是侵蚀动力和阻力相互作用的结果,一方面,生物结皮的盖度和分布格局影响径流的水动力特征;另一方面,生物结皮改善了土壤的理化性质,从而增加了土壤的抗侵蚀性。这里设置在发育程度接近的生物结皮坡面上,样地的土壤理化性质、坡度、粗糙度基本一致,土壤可蚀性的影响则基本一致。因此,坡面土壤流失的差异主要由不同盖度的生物结皮导致的水动力差异所造成。本章基于第 3 章、第 4 章、第 5 章及第 6 章有关不同盖度生物结皮及其分布格局对坡面产沙量及水动力特征影响的基础,采用相关性分析及回归分析的方法,确定了表征坡面生物结皮分布的格局因子与水动力特征的主要影响因子,进而采用结构方程模型,从侵蚀动力和阻力的角度揭示生物结皮盖度影响坡面产沙的动力机制。

8.2　影响生物结皮坡面产沙的关键因子

为了构建结构方程模型,这里采用回归分析和相关性分析筛选掉冗余的因子,以确定表征生物结皮分布格局和径流水动力特征的因子。

8.2.1　分布格局因子相关性分析

对景观格局指数之间进行 Pearson 相关性分析,如表 8-1 所示。可见,斑块密度与景观形状指数及分离度呈显著正相关,与斑块连接度呈显著负相关。景观形状指数只与斑块密度显著相关,与斑块连接度和分离度无显著相关性。斑块连接度与斑块密度和分离度均呈显著负相关,这表明斑块连接度与斑块密度和分离度之间共线性比较严重,存在冗余。因此,选择斑块密度、景观形状指数及分离度这 3 个指标代表生物结皮坡面的分布格局因子。

表 8-1　景观格局指数之间的相关性分析

	PD	LSI	COH	SPL
PD	1	—	—	—
LSI	0.692 *	1	—	—
COH	−0.944 * *	−0.561	1	—
SPL	0.779 * *	0.478	−0.919 * *	1

注:* 表示在 0.05 水平(双侧)上显著相关,* * 表示在 0.01 水平(双侧)上显著相关。

8.2.2 坡面产沙与水动力学参数的关系

降雨过程中,坡面径流是坡面土壤侵蚀的主要动力。径流的水动力学特征,如流态、流速、阻力系数等参数的变化是坡面土壤侵蚀的主要影响因素。因此,将各生物结皮小区 60 min 的平均坡面产沙率和水动力学参数分别绘制于坐标系中,得到图 8-1。通过回归分析,明确各水动力学参数与坡面产沙的相关性,根据相关性的强弱筛选水动力因子。由图 8-1 可知,产沙率随径流流速、弗劳德数、雷诺数以及径流功率增加呈线性函数增加趋势;产沙率随水深、径流剪切力以及阻力系数的增加呈幂函数下降趋势。

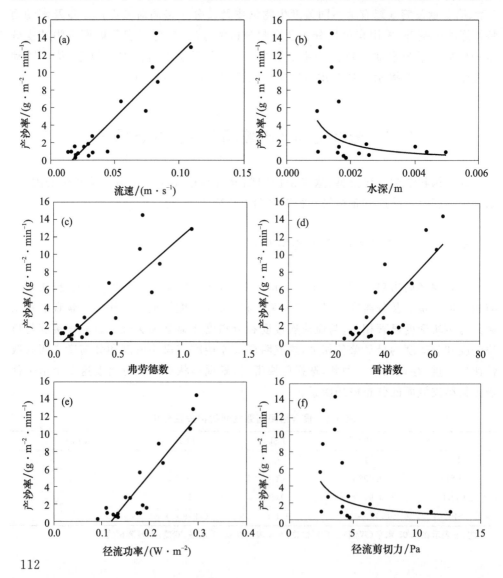

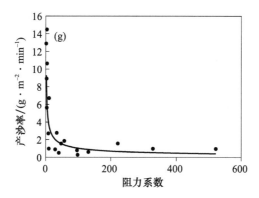

图 8-1　产沙率与水动力学参数流速(a)、水深(b)、弗劳德数(c)、雷诺数(d)、
径流功率(e)、径流剪切力(f)、阻力系数(g)的关系

同时选取径流流速、水深、弗劳德数、雷诺数、阻力系数、径流剪切力以及径流功率作为自变量,与 60 min 平均产沙率进行回归分析,得到方程:

$$y = 145.73\,V - 2.4952(R^2 = 0.8356, P < 0.001, n = 19) \tag{8-1}$$

$$y = 0.001h^{-1.213}(R^2 = 0.2551, P < 0.05, n = 19) \tag{8-2}$$

$$y = 13.035Fr - 0.971(R^2 = 0.7403, P < 0.001, n = 19) \tag{8-3}$$

$$y = 0.3Re - 8.1(R^2 = 0.6401, P < 0.001, n = 19) \tag{8-4}$$

$$y = 13.32\tau^{-1.213}(R^2 = 0.2551, P < 0.05, n = 19) \tag{8-5}$$

$$y = 66.61\omega - 7.9032(R^2 = 0.8227, P < 0.001, n = 19) \tag{8-6}$$

$$y = 12.749f^{-0.547}(R^2 = 0.6162, P < 0.001, n = 19) \tag{8-7}$$

式中:y 为 60 min 平均产沙率($g \cdot m^{-2} \cdot min^{-1}$),$V$ 为径流流速($m \cdot s^{-1}$),h 为水深(m),Fr 为弗劳德数(无量纲),Re 为雷诺数(无量纲),τ 为径流剪切力(Pa),ω 为径流功率($W \cdot m^{-2}$),f 为 Darcy-Weisbach 阻力系数(无量纲)。

统计结果显示,平均产沙率与所有的水力学及水动力学参数均显著相关。其中,产沙率与流速及径流功率相关性最好,决定系数分别为 0.8356 及 0.8227。产沙率与水深和径流剪切力相关性最差,决定系数均为 0.2551。根据结果可知,径流功率比径流剪切力能够更好地表征坡面的侵蚀动力。这一结果也与许多学者过往的研究结果一致(Nearing et al.,1989;张光辉,2005)。以上结果表明,在生物结皮坡面上径流功率可较准确地代表坡面的土壤侵蚀动力。考虑到坡面产沙是侵蚀动力和坡面阻力相互作用产生的结果,选取径流功率和阻力系数 2 个参数作为代表径流的水动力因子。

8.3　生物结皮盖度影响坡面产沙的动力机制

结构方程模型建立后,运用极大似然估计方法对模型的参数进行标定,并进行拟合优度检验(χ^2检验,Joreskog 的拟合优度(GFI)指数)。χ^2检验中,P 值表示模型拟合数据的概率。因此,与大多数试验相反,χ^2检验的 P 值需要大于 0.05。GFI 越接近 1,则证明模型拟合度越好(Grace,2006)。

模型运行后的 P 值为 0.14,GFI 为 0.832,模型解释了 99% 的坡面产沙变化。综合来看,研究建立的结构方程模型较好地揭示了生物结皮盖度影响下景观格局对坡面产沙的影响机理。由图 8-2 可见,生物结皮盖度与景观格局指数之间存在着显著的负相关关系。生物结皮盖度的降低会导致斑块密度、景观形状指数以及分离度显著增加,标准化后的路径系数分别为 -0.92、-0.61 以及 -0.75。斑块密度与产沙率之间存在着显著的正相关关系(路径系数为 0.36),同时,斑块密度与阻力系数之间存在着显著的负相关关系(路径系数为 -0.69)。阻力系数与坡面产沙存在着显著的负相关关系(路径系数为 -0.28)。斑块密度与径流功率之间没有显著相关性。景观形状指数与径流功率和阻力系数之间均没有显著相关性,其通过直接作用影响了坡面产沙(路径系数为 0.24)。分离度与阻力系数没有显著相关性,但与径流

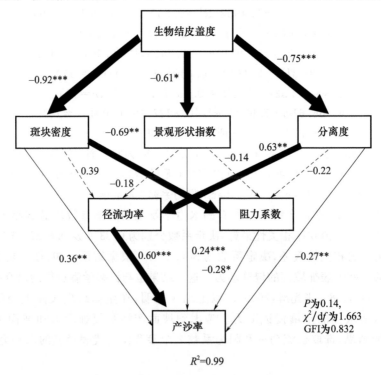

图 8-2　生物结皮盖度对坡面产沙的影响机制

(箭头表示模型假设的因果关系,箭头旁边的数字为标准化路径系数(相当于相关系数或回归权重),
箭头的宽度与系数成正比;＊代表在 0.05 水平上显著相关,＊＊代表在 0.01 水平上显著相关,
＊＊＊代表在 0.001 水平上显著相关;虚线表示二者之间没有显著相关性)

功率呈显著正相关(路径系数为 0.63),间接影响了坡面产沙(路径系数为 0.60)。同时,分离度直接影响了坡面产沙(路径系数为 -0.27),表明生物结皮盖度通过影响景观格局,影响了坡面的径流水动力特征,从而间接地影响了坡面产沙,同时,生物结皮本身在坡面上的分布也直接影响了侵蚀产沙。

结构方程结果表明,生物结皮盖度的变化直接或间接影响了坡面产沙。这些结果与 Rodríguez-Caballero 等(2014)在西班牙进行的研究一致,该研究发现,在自然降雨条件下,生物结皮通过减少径流产生,对产沙产生间接影响。这里利用模拟降雨试验进一步表明,生物结皮盖度通过影响景观格局的变化,从而影响径流的动力和坡面阻力,最终间接减少了坡面产沙。生物结皮盖度的增加,可以减小斑块密度和分离度,而斑块密度的减小增加了坡面阻力,分离度的减小降低了径流功率,最终导致土壤侵蚀减少。生物结皮在土壤表面形成小的屏障,增加坡面的阻力,同时降低流速,降低径流功率,减少径流对土壤的剥离和冲刷(Rodríguez-Caballero et al.,2012)。这些结果表明,随着生物结皮覆盖的增加,径流侵蚀力的降低是生物结皮坡面泥沙减少的影响机制之一。

表 8-2 为各因子对产沙量的直接、间接和总影响。在本试验雨强(90 mm·h^{-1})条件下,不同因子对坡面产沙的影响程度大小顺序为:生物结皮盖度(-0.949)>斑块密度(0.782)>径流功率(0.596)>阻力系数(-0.280)>景观形状指数(0.173)>分离度(0.167)。以上结果表明,生物结皮的覆盖是控制坡面土壤流失的主要影响因子。斑块密度、景观形状指数、分离度均直接影响产沙率,这表明生物结皮对坡面产沙有较强的直接影响。生物结皮本身是水平方向上水稳定性非常强的层状结构(杨凯 等,2012)。生物结皮本身的锚定作用可以影响到下层土壤,增强下层土壤的稳定性,显著增加土壤的抗蚀性和抗冲性(Yang et al.,2022;Gao et al.,2017)。同时,生物结皮在降雨期间能够保护土壤免受雨滴的直接影响,防止下层土壤被径流冲刷(Belnap,2006;Liu et al.,2016;Zhao et al.,2014)。

表 8-2　标准化后各因子对坡面产沙的直接、间接和总影响

	结皮盖度	SPL	LSI	PD	阻力系数	径流功率
直接影响	0.000	-0.270	0.237	0.357	-0.280	0.596
间接影响	-0.949	0.437	-0.064	0.425	0.000	0.000
总影响	-0.949	0.167	0.173	0.782	-0.280	0.596

8.4 小 结

本章通过对生物结皮盖度影响坡面水土流失过程的机理研究,得到以下结果。

生物结皮盖度通过直接的覆盖作用和间接作用影响坡面产沙。一方面,不同盖度生物结皮分布格局的差异,影响径流动力和坡面侵蚀阻力,减少了坡面产沙。另一方面,生物结皮通过覆盖作用减少了雨滴的溅蚀和径流冲刷。在 $90 \text{ mm} \cdot \text{h}^{-1}$ 的雨强条件下,影响坡面产沙的因子顺序为:生物结皮盖度(-0.949)>斑块密度(0.782)>径流功率(0.596)>阻力系数(-0.280)>景观形状指数(0.173)>分离度(0.167)。

第 9 章

结论与展望

9.1 主要结论

本书以黄土丘陵区不同盖度的生物结皮坡面为研究对象,明确了坡面尺度上生物结皮盖度对坡面产流产沙的影响,构建了生物结皮盖度与坡面产流产沙以及水动力学参数之间的量化关系,明确了生物结皮坡面土壤侵蚀过程,明确了次降雨条件下生物结皮对坡面的泥沙分离、搬运、沉积的贡献。通过结构方程模型揭示了生物结皮盖度对坡面产沙的影响机理。研究结果为深入理解生物结皮坡面的水土流失过程、建立考虑生物结皮的土壤侵蚀预报模型奠定了科学基础。得到以下主要结论。

(1)生物结皮盖度通过影响坡面初始产流时间和产流稳定时间影响坡面产流过程。坡面初始产流时间与生物结皮盖度之间呈极显著的负相关关系。坡面产流稳定时间随生物结皮盖度增加呈先增加后下降的趋势。

(2)坡面产流率与生物结皮盖度之间呈对数函数关系。

(3)生物结皮盖度的变化影响了径流水动力特征(雷诺数、弗劳德数、径流剪切力及阻力系数等)。盖度变化引起的生物结皮斑块的破碎度及分离度的差异是影响水动力特征的主要原因。

(4)坡面产沙率与生物结皮盖度之间呈指数函数关系。

(5)生物结皮通过覆盖作用和拦截作用改变了径流对泥沙的输移过程。

(6)生物结皮盖度直接影响了生物结皮斑块的分布格局,间接影响了径流侵蚀动力和坡面阻力,进而影响坡面产沙量。

9.2 主要创新点

本书针对生物结皮盖度对坡面水土流失过程影响研究的薄弱环节,以黄土丘陵区不同盖度的生物结皮坡面为研究对象,采用模拟降雨、自然降雨监测,结合稀土元素示踪等方法,明确了生物结皮对坡面输沙过程的影响,揭示了生物结皮盖度影响坡面产沙的动力机制,研究结果具有明显创新性,具体表现在以下方面。

(1)引入了景观格局指数,量化了不同盖度生物结皮的分布特征,揭示了生物结皮盖度对坡面产沙的动力机制。

(2)借助稀土元素示踪技术,明确了生物结皮坡面对侵蚀产沙、搬运和沉积的影响,明确了生物结皮对坡面输沙过程的影响及机理。

(3)构建了生物结皮盖度与坡面产流及产沙的量化关系,为建立考虑生物结皮的土壤侵蚀预报模型奠定了基础。

9.3　研究不足与展望

本书揭示了生物结皮盖度对坡面产流产沙的动力机制,阐明了生物结皮坡面的输沙过程,明确了生物结皮盖度与产流产沙的定量关系。但是由于野外实际条件的复杂性,仍有一些问题需要进一步深入,主要为以下几点。

(1)本书中所有的小区处理均去除维管植物的地上部分,地表只保留生物结皮覆盖。但在野外常见的情况是生物结皮与高等维管植物共同覆盖地表,二者共同影响坡面的产流产沙。因此,今后需要进一步研究生物结皮与维管植物对坡面水土流失的耦合作用。

(2)黄土高原地区地形地貌复杂,降雨集中。这里只进行了单一坡度 90 mm · h^{-1} 雨强条件下生物结皮盖度对坡面水土流失的影响试验,今后仍需考虑降雨类型、坡度、坡形及土壤前期含水量等诸多影响因素在内的生物结皮对坡面产流产沙的影响。

(3)这里只在坡面尺度上分析了生物结皮盖度变化对水土流失过程的影响及机理,在更大尺度上,如流域尺度生物结皮盖度对水土流失的影响规律和机理是否与坡面一致,仍是后续需要继续研究的问题。

(4)虽然量化了生物结皮对产沙和沉积的贡献,也明确了一定盖度下(60％盖度)生物结皮坡面的土壤侵蚀过程,但当生物结皮盖度发生变化时,生物结皮对坡面土壤分离、运输、沉积过程的影响仍不明确,需要进一步研究。

参考文献

卜崇峰,张朋,叶菁,等,2014. 陕北水蚀风蚀交错区小流域苔藓结皮的空间特征及其影响因子[J].
　自然资源学报,29(3):490-499.

蔡强国,陆兆熊,王贵平,1996. 黄土丘陵沟壑区典型小流域侵蚀产沙过程模型[J]. 地理学报,51
　(2):108-117.

傅伯杰,邱扬,王军,等,2002. 黄土丘陵小流域土地利用变化对水土流失的影响[J]. 地理学报,57
　(6):717-722.

傅伯杰,徐延达,吕一河,2010. 景观格局与水土流失的尺度特征与耦合方法[J]. 地球科学进展,
　25(7):673-681.

高丽倩,2017. 黄土高原生物结皮土壤抗水蚀机理研究[D]. 北京:中国科学院教育部水土保持与
　生态环境研究中心.

高丽倩,赵允格,秦宁强,等,2012. 黄土丘陵区生物结皮对土壤物理属性的影响[J]. 自然资源学
　报,27(8):1316-1326.

郭轶瑞,赵哈林,赵学勇,等,2007. 科尔沁沙地结皮发育对土壤理化性质影响的研究[J]. 水土保
　持学报(1):135-139.

胡春香,张德禄,刘永定,2003. 干旱区微小生物结皮中藻类研究的新进展[J]. 自然科学进展,13
　(8):9-13.

吉静怡,2021. 生物结皮分布格局对黄土丘陵区坡面产沙的影响及机制[D]. 杨凌:西北农林科技
　大学.

吉静怡,赵允格,杨凯,等,2021a. 黄土丘陵区生物结皮坡面产流产沙与其分布格局的关联[J]. 生
　态学报,41(4):1381-1390.

吉静怡,赵允格,杨凯,等,2021b. 生物结皮分布格局对坡面流水动力特征的影响[J]. 应用生态学
　报,32(3):1015-1022.

李林,赵允格,王一贺,等,2015. 不同类型生物结皮对坡面产流特征的影响[J]. 自然资源学报,30
　(6):1013-1023.

李新荣,贾玉奎,龙利群,等,2001a. 干旱半干旱地区土壤微生物结皮的生态学意义及若干研究进
　展[J]. 中国沙漠,21(1):7-14.

李新荣,马凤云,龙立群,等,2001b. 沙坡头地区固沙植被土壤水分动态研究[J]. 中国沙漠,21
　(3):3-8.

李新荣,张元明,赵允格,2009. 生物土壤结皮研究:进展、前沿与展望[J]. 地球科学进展,24(1):
　11-24.

李占斌,秦百顺,亢伟,等,2008. 陡坡面发育的细沟水动力学特性室内试验研究[J]. 农业工程学
　报,24(6):64-68.

梁少民,吴楠,王红玲,等,2005. 干扰对生物土壤结皮及其理化性质的影响[J]. 干旱区地理,28
  (6):818-823.

刘宝元,杨扬,陆绍娟,2018. 几个常用土壤侵蚀术语辨析及其生产实践意义[J]. 中国水土保持科
  学,16(1):9-16.

刘青泉,李家春,陈力,等,2004. 坡面流及土壤侵蚀动力学(Ⅰ)——坡面流[J]. 力学进展(3):
  360-372.

潘成忠,上官周平,2005. 牧草对坡面侵蚀动力参数的影响[J]. 水利学报,36(3):371-377.

秦宁强,2012. 黄土丘陵区生物土壤结皮对降雨侵蚀力的响应及影响[D]. 杨凌:西北农林科技大
  学.

秦宁强,赵允格,2011. 生物土壤结皮对雨滴动能的响应及削减作用[J]. 应用生态学报,22(9):
  2259-2264.

冉茂勇,赵允格,刘玉兰,2011. 黄土丘陵区不同盖度生物结皮土壤抗冲性研究[J]. 中国水土保持
  (12):43-45,67.

石亚芳,赵允格,李晨辉,等,2017. 踩踏干扰对生物结皮土壤渗透性的影响[J]. 应用生态学报,28
  (10):3227-3234.

苏延桂,李新荣,赵昕,等,2011. 不同类型生物土壤结皮固氮活性及对环境因子的响应研究[J].
  地球科学进展,26(3):332-338.

王计平,杨磊,卫伟,等,2011. 黄土丘陵区景观格局对水土流失过程的影响——景观水平与多尺度
  比较[J]. 生态学报,31(19):5531-5541.

王闪闪,2017. 黄土丘陵区干扰对生物结皮土壤氮素循环的影响[D]. 杨凌:西北农林科技大学.

王新平,肖洪浪,张景光,等,2006. 荒漠地区生物土壤结皮的水文物理特征分析[J]. 水科学进展,
  17(5):592-598.

王一贺,赵允格,李林,等,2016. 黄土高原不同降雨量带退耕地植被-生物结皮的分布格局[J]. 生
  态学报,36(2):377-386.

王媛,赵允格,姚春竹,等.2014. 黄土丘陵区生物土壤结皮表面糙度特征及影响因素[J]. 应用生
  态学报,25(3):647-656.

吴丽,张高科,陈晓国,等,2014. 生物结皮的发育演替与微生物生物量变化[J]. 环境科学,35(3):
  1138-1143.

肖波,赵允格,邵明安,2007. 陕北水蚀风蚀交错区两种生物结皮对土壤理化性质的影响[J]. 生态
  学报,27(11):4662-4670.

肖波,赵允格,许明祥,等,2008. 陕北黄土区生物结皮条件下土壤养分的积累及流失风险[J]. 应
  用生态学报,19(5):1019-1026.

肖培青,郑粉莉,姚文艺,2009. 坡沟系统坡面径流流态及水力学参数特征研究[J]. 水科学进展,
  20(2):236-240.

谢申琦,高丽倩,赵允格,等,2019. 模拟降雨条件下生物结皮坡面产流产沙对雨强的响应[J]. 应
  用生态学报,30(2):391-397.

杨凯,2013. 黄土丘陵区生物结皮对土壤结构体稳定性的影响[D]. 杨凌:西北农林科技大学.

杨凯,赵军,赵允格,等,2019. 生物结皮坡面不同降雨历时的产流特征[J]. 农业工程学报,35

（23）：135-141.

杨凯,赵允格,马昕昕,2012. 黄土丘陵区生物土壤结皮层水稳性[J]. 应用生态学报,23(1)：173-177.

杨巧云,赵允格,包天莉,等,2019. 黄土丘陵区不同类型生物结皮下的土壤生态化学计量特征[J]. 应用生态学报,30(8)：2699-2706.

杨雪芹,2019. 模拟放牧干扰对黄土丘陵区生物结皮土壤碳循环的影响及机制[D]. 杨凌:西北农林科技大学.

姚文艺,1996. 坡面流阻力规律试验研究[J]. 泥沙研究(1)：74-82.

叶菁,卜崇峰,杨永胜,等,2015. 翻耙干扰下生物结皮对水分入渗及土壤侵蚀的影响[J]. 水土保持学报(3)：22-26.

余韵,2014. 黄土丘陵区人工培育生物结皮对坡面水蚀的影响研究[D]. 南昌:江西农业大学.

张光辉,2002. 坡面薄层流水动力学特性的实验研究[J]. 水科学进展,13(2)：159-165.

张光辉,2005. 黄河流域降雨侵蚀力对全球变化的响应[J]. 山地学报(4)：4420-4424.

张光辉,费宇红,王惠军,等,2010. 土壤水动力状态的标识特征及其应用[J]. 水利学报(9)：1032-1037.

张国秀,赵允格,许明祥,等,2012. 黄土丘陵区生物结皮对土壤磷素有效性及碱性磷酸酶活性的影响[J]. 植物营养与肥料学报,18(3)：621-628.

张科利,钟德钰,1998. 黄土坡面沟蚀发生机理的水动力学试验研究[J]. 泥沙研究(3)：76-82.

张培培,赵允格,王媛,等,2014. 黄土高原丘陵区生物结皮土壤的斥水性[J]. 应用生态学报,25(3)：657-663.

张元明,2005. 荒漠地表生物土壤结皮的微结构及其早期发育特征[J]. 科学通报,50(1)：42-47.

张元明,王雪芹,2010. 荒漠地表生物土壤结皮形成与演替特征概述[J]. 生态学报,30(16)：4484-4492.

张子辉,赵允格,谷康民,等,2020. 线源入流入渗法在生物结皮渗透性研究中的应用[J]. 水土保持学报,34(1)：128-134.

赵其国,骆永明,2015. 论我国土壤保护宏观战略[J]. 中国科学院院刊,30(4)：452-458.

赵允格,许明祥,王全九,等,2006. 黄土丘陵区退耕地生物结皮对土壤理化性状的影响[J]. 自然资源学报,21(3)：441-448.

赵允格,许明祥,Belnap J,2010. 生物结皮光合作用对光温水的响应及其对结皮空间分布格局的解译——以黄土丘陵区为例[J]. 生态学报,30(17)：4668-4675.

郑粉莉,张锋,王彬,2010. 近100年植被破坏侵蚀环境下土壤质量退化过程的定量评价[J]. 生态学报,30(22)：6044-6051.

郑粉莉,赵军,2004. 人工模拟降雨大厅及模拟降雨设备简介[J]. 水土保持研究,11(4)：177-178.

朱祖祥,1983. 土壤学[M]. 北京:中国农业出版社.

ABRAHAMS A D,LI G,1998. Effect of saltating sediment on flow resistance and bed roughness in overland flow[J]. Earth Surface Processes and Landforms,23(10)：953-960.

BAILEY N J L,JOBSON A M,ROGERS M A,1973. Bacterial degradation of crude oil：comparison of field and experimental data[J]. Chemical geology,11(3)：203-221.

BELNAP J,2002. Nitrogen fixation in biological soil crusts from southeast Utah, USA[J]. Biology and Fertility of Soils,35(2): 128-135.

BELNAP J,2003a. Biological soil crusts in deserts: A short review of their role in soil fertility, stabilization, and water relations[J]. Algological Studies,109(1):113-126.

BELNAP J,2003b. Factors influencing nitrogen fixation and nitrogen release in biological soil crusts [J]//BELNAP J,LANGE O L,2003. Biological soil crusts: Structure,function,and management [M]. Berlin: Springer International Publishing: 241-261.

BELNAP J,2006. The potential roles of biological soil crusts in dryland hydrologiccycles[J]. Hydrological Processes,20(15): 3159-3178.

BELNAP J,ELDRIDGE D J,2003a. Disturbance and recovery of biological soil crusts[C]//BELNAP J, LANGE O L,2003. Biological soil crusts: Structure,function,and management[M]. Berlin: Springer International Publishing: 363-383.

BELNAP J,LANGE O L,2003b. Biological soil crusts: Structure,function,and management[M]. Berlin: Springer International Publishing.

BELNAP J,PHILLIPS S L,WITWICKI D L,et al,2008. Visually assessing the level of development and soil surface stability of cyanobacterially dominated biological soil crusts[J]. Journal of Arid Environments,72(7): 1257-1264.

BELNAP J, WEBER B,2013a. Biological soil crusts as an integral component of desert environments[J]. Ecological Processes,2(1): 1-2.

BELNAP J, WILCOX B P, VANSCOYOC M, et al, 2013b. Successional stage of biological soil crusts: An accurate indicator of ecohydrological condition[J]. Ecohydrology,6(3): 474-482.

BELNAP J,BÜDEL B,2016. Biological soil crusts as soil stabilizers[C]// BELNAP J,WEBER B, BÜDEL B,2016. Biological soil crusts as an organizing principle in drylands[M]. Switzerland: Springer International Publishing: 305-320.

BOOTH W E,1941. Algae as pioneers in plant succession and their importance in erosion control [J]. Ecology,22(1): 38-46.

BOWKER M A,BELNAP J,CHAUDHARY V B,et al,2008. Revisiting classic water erosion models in drylands: The strong impact of biological soil crusts[J]. Soil Biology and Biochemistry,40 (9): 2309-2316.

BOWKER M A, SOLIVERES S,MAESTRE F T,2010. Competition increases with abiotic stress and regulates the diversity of biological soil crusts[J]. Journal of Ecology,98(3): 551-560.

BREVIK E C, CERDÀ A, MATAIX-SOLERA J, et al, 2015. The interdisciplinary nature of soil [J]. Soil,1(1): 117-129.

BROTHERSON J D,RUSHFORTH S R,1983. Influence of cryptogamic crusts on moisture relationships of soils in Navajo National Monument,Arizona[J]. Great Basin Naturalist,43(1): 5-10.

BRYAN R B,2000. Soil erodibility and processes of water erosion on hillslope[J]. Geomorphology, 32(3): 385-415.

CANTÓN Y,DOMINGO F,SOLÉ-BENET A,et al,2001. Hydrological and erosion response of a badlands system in semiarid SE Spain[J]. Journal of Hydrology,252(1-4): 65-84.

CANTÓN Y,ROMÁN J R,CHAMIZO S,et al,2014. Dynamics of organic carbon losses by water erosion after biocrust removal[J]. Journal of Hydrology and Hydromechanics,62(4): 258-268.

CHAMIZO S,CANTÓN Y,LÁZARO R,et al,2012. Crust composition and disturbance drive infiltration through biological soil crusts in semiarid ecosystems[J]. Ecosystems,15(1): 148-161.

CHAMIZO S,RODRIGUEZ-CABALLERO E,ROMAN J R,et al,2017. Effects of biocrust on soil erosion and organic carbon losses under natural rainfall[J]. Catena,148: 117-125.

CHENU C,1993. Clay or sand-polysaccharide associations as models for the interface between micro-organisms and soil: Water related properties and microstructure[J]. Geoderma,56(1-4): 143-156.

DEPLOEY J,SAVAT J,MOEYERSONS J,1976. The differential impact of some soil loss factors on flow,runoff creep and rainwash[J]. Earth Surface Processes,1(2): 151-161.

ELBERT W,WEBER B,BURROWS S,et al,2012. Contribution of cryptogamic covers to the global cycles of carbon and nitrogen[J]. Nature Geoscience,5(7): 459-462.

ELDRIDGE D J,1993. Cryptogams,vascular plants,and soil hydrological relations: some preliminary results from the semiarid woodlands of eastern Australia[J]. Great Basin Naturalist,53(1): 48-58.

ELDRIDGE D J,2003. Biological soil crusts and water relations in Australian deserts[J]//BELNAP J,LANGE O L,2003. Biological soil crusts: Structure,function,and management[M]. Berlin: Springer International Publishing: 315-325.

ELDRIDGE D J,GREENE B,1994. Microbiotic crusts: A view of roles in soil and ecolodical processes in the rangelands of Australia[J]. Soil Research,32(3): 389-415.

ELDRIDGE D J,TOZER M E,SLANGEN S,1997. Soil hydrology is independent of microphytic crust cover: Further evidence from a wooded semiarid Australian rangeland[J]. Arid Land Research and Management,11(2): 113-126.

ELDRIDGE D J,KOEN T B,2006. Diversity and abundance of biological soil crust taxa in relation to fine and coarse-scale disturbances in a grassy Eucalypt woodland in eastern Australia[J]. Plant and Soil,281(1-2): 255-268.

ELDRIDGE D J,BOWKER M A,MAESTRE F T,et al,2010. Interactive effects of three ecosystem engineers on infiltration in a semiarid Mediterranean grassland[J]. Ecosystems,13(4): 499-510.

EMMETT W W,1978. Overland flow[M]. New York: John Wiley and Sons: 145-176.

FAIST A M,HERRICK J E,BELNAP J,et al,2017. Biological soil crust and disturbance controls on surface hydrology in a semi-arid ecosystem[J]. Ecosphere,8(3): 1-13.

FICK S E,BELNAP J,DUNIWAY M C,2020. Grazing-induced changes to biological soil crust cover mediate hillslope erosion in long-term exclosure experiment[J]. Rangeland Ecology and Management,73(1): 61-72.

FLETCHER J E,MARTIN W P,1948. Some effects of algae and molds in the rain-crust of desert soils[J]. Ecology,29(1): 95-100.

FU S,YANG Y,LIU B,et al,2020. Peak flow rate response to vegetation and terraces under extreme rainstorms[J]. Agriculture,Ecosystems and Environment,288.

GALUN M,BUBRICK P,GARTY J,1982. Structural and metabolic diversity of two desert lichen populations(Proceedings of the symposia on lichenology at the 13 International Botanical Congress,Sydney,Australia)[J]. Journal Hattori Botanical Laboratory,53:321-324.

GAO L Q,BOWKER M A,XU M X,et al,2017. Biological soil crusts decrease erodibility by modifying inherent soil properties on the Loess Plateau,China[J]. Soil Biology and Biochemistry,105:49-58.

GAO L Q,BOWKER M A,SUN H,et al,2020. Linkages between biocrust development and water erosion and implications for erosion model implementation[J]. Geoderma,357.

GRACE J B,2006. Structural equation modeling and natural systems[M]. Cambridge:Cambridge University Press.

GREENE R,CHARTRES C J,HODGKINSON K C,1990. The effects of fire on the soil in a degraded semiarid woodland. I. Cryptogam cover and physical and micromorphological properties [J]. Australian Journal of Soil Research,28(5):755-777.

KIDRON G J,1999. Differential water distribution over dune slopes as affected by slope position and microbiotic crust,Negev Desert,Israel[J]. Hydrological Processes,13:1665-1682.

KIDRON G J,2011. Runoff generation and sediment yield on homogeneous dune slopes:Scale effect and implications for analysis[J]. Earth Surface Processes and Landforms,36(13):1809-1824.

KIDRON G J,YAIR A,VONSHAK A,et al,2003. Microbiotic crust control of runoff generation on sand dunes in the Negev Desert[J]. Water Resources Research,39(4):1108-1112.

KIDRON G J,MONGER H C,VONSHAK A,et al,2012. Contrasting effects of microbiotic crusts on runoff in desert surfaces[J]. Geomorphology,139:484-494.

KNAPEN A,POESEN J,GOVERS G,et al,2007. Resistance of soils to concentrated flow erosion:A review[J]. Earth Science Reviews,80(1-2):75-109.

LAN S,WU L,ZHANG D,2012. Successional stages of biological soil crusts and their microstructure variability in Shapotou region (China)[J]. Environmental Earth Sciences,65(1):77-88.

LAN S,OUYANG H,WU L,et al,2017. Biological soil crust community types differ in photosynthetic pigment composition,fluorescence and carbon fixation in Shapotou region of China [J]. Applied Soil Ecology,111:9-16.

LANGE O L,KIDRON G J,BÜDEL B,et al,1992. Taxonomic composition and photosynthetic characteristics of thebiological soil crusts' covering sand dunes in the western Negev Desert [J]. Functional Ecology:519-527.

LÁZARO R,CALVO-CASES A,LÁZARO A,et al,2014. Effective run-off flow length over biological soil crusts on silty loam soils in drylands[J]. Hydrological Processes,29(11):2534-2544.

LI X J,LI X R,SONG M,et al,2008. Effects of crust and shrub patches on runoff,sedimentation, and related nutrient (C,N) redistribution in the desertified steppe zone of the Tengger Desert, Northern China[J]. Geomorphology,96(1-2):221-232.

LI X R,ZHANG P,SU Y G,et al,2012. Carbon fixation by biological soil crusts following revegetation of sand dunes in arid desert regions of China: A four-year field study[J]. Catena,97: 119-126.

LIU F,ZHANG G H,SUN L,et al,2016. Effects of biological soil crusts on soil detachment process by overland flow in the Loess Plateau of China[J]. Earth Surface Processes and Landforms,41 (7): 875-883.

LUDWIG J A,EAGER R W,LIEDLOFF A C,et al,2006. A new landscape leakiness index based on remotely sensed ground-cover data[J]. Ecological Indicators,6(2): 327-336.

MALAM I O,DÉFARGE C,LE BISSONNAIS Y,et al,2007. Effects of the inoculation of cyanobacteria on the microstructure and the structural stability of a tropical soil[J]. Plant and Soil, 290(1): 209-219.

MALLEN-COOPER M,ELDRIDGE D J,2016. Laboratory-based techniques for assessing the functional traits of biocrusts[J]. Plant and Soil,406(1): 131-143.

MICHALEK A,ZARNAGHSH A,HUSIC A,2021. Modeling linkages between erosion and connectivity in an urbanizing landscape[J]. Science of the Total Environment,764.

MIRALLES I,CANTÓN Y,SOLÉ-BENET A,2011. Two-dimensional porosity of crusted silty soils: Indicators of soil quality in semiarid rangelands? [J]. Soil Science Society of America Journal,75(4): 1289-1301.

NEARING M A,FOSTER G R,LANE L J,1989. A process-based soil erosion model for USDAwater erosion prediction project technology[J]. Trans of ASAE,32(5): 1587-1593.

PARSONS A J,BRAZIER R E,WAINWRIGHT J,et al,2006. Scale relationships in hillslope runoff and erosion[J]. Earth Surface Processes and Landforms,31(11): 1384-1393.

PIETRASIAK N,JOHANSEN J R,DRENOVSKY R E,2011. Geologic composition influences distribution of microbiotic crusts in the Mojave and Colorado Deserts at the regional scale[J]. Soil Biology and Biochemistry,43(5): 967-974.

PONZETTI J M,MCCUNE B P,2001. Biotic soil crusts of Oregon's shrub steppe: community composition in relation to soil chemistry,climate,and livestock activity[J]. The Bryologist,104 (2): 212-225.

QUIQUAMPOIX H,MOUSAIN D,2005. Enzymatic hydrolysis of organic phosphorus[J]. Organic Phosphorus in the Environment: 89-112.

RODRÍGUEZ-CABALLERO E,CANTÓN Y,CHAMIZO S,et al,2012. Effects of biological soil crusts on surface roughness and implications for runoff and erosion[J]. Geomorphology,145-146 (1): 81-89.

RODRÍGUEZ-CABALLERO E,CANTÓN Y,LAZARO R,et al,2014. Cross-scale interactions between surface components and rainfall properties: Non-linearities in the hydrological and erosive behaviour of semiarid catchments[J]. Journal of Hydrology,517: 815-825.

RODRÍGUEZ-CABALLERO E,CANTÓN Y,JETTEN V,2015. Biological soil crust effects must be included to accurately model infiltration and erosion in drylands: An example from Tabernas

Badlands[J]. Geomorphology,241: 331-342.

SINSABAUGH R L,LAUBER C L,WEINTRAUB M N,et al,2008. Stoichiometry of soil enzyme activity at global scale[J]. Ecology Letters,11(11): 1252-1264.

THOMAZ E L,PEREIRA A A,2017. Misrepresentation of hydro-erosional processes in rainfall simulations using disturbed soil samples[J]. Geomorphology,286: 27-33.

TISDALL J M,OADES J M,1982. Organic matter and water-stable aggregates in soils[J]. Journal of Soil Science,33(2): 141-163.

WANG B,ZHANG G H,ZHANG X C,et al,2014. Effects of near soil surface characteristics on soil detachment by overland flow in a natural succession grassland[J]. Soilence Society of America Journal,78(2): 589-597.

WANG Z J,JIAO J Y,RAYBURG S,et al,2016. Soil erosion resistance of "Grain for Green" vegetation types under extreme rainfall conditions on the Loess Plateau, China[J]. Catena, 141: 109-116.

WARREN P H,LAW R,WEATHERBY A J,2003. Mapping the assembly of protist communities in microcosms[J]. Ecology,84(4): 1001-1011.

WESSEL A T,1988. On using the effective contact angle and the water drop penetration time for classification of water repellency in dune soils[J]. Earth Surface Processes and Landforms,13: 555-561.

WILCOX B P,BRESHEARS D D,ALLEN C D,2003. Ecohydrology of a resource-conserving semi-arid woodland: Effects of scale and disturbance[J]. Ecological Monographs. 73(2): 223-239.

XIAO B,SUN F,HU K,et al,2019. Biocrusts reduce surface soil infiltrability and impede soil water infiltration under tension and ponding conditions in dryland ecosystem[J]. Journal of Hydrology, 568: 792-802.

YAIR A,ALMOG R,VESTE M,2011. Differential hydrological response of biological topsoil crusts along a rainfall gradient in a sandy arid area: Northern Negev desert,Israel[J]. Catena,87(3): 326-333.

YANG K,ZHAO Y G,GAO L Q,2022. Biocrust succession improves soil aggregate stability of subsurface after "Grain for Green" Project in the Hilly Loess Plateau,China[J]. Soil and Tillage Research,217.

YOON Y N,WENZEL H G,1971. Mechanics of sheet flow under simulated rainfall[J]. American Society of Civil Engineers,97(9): 1367-1386.

ZAADY E,KUHN U,WILSKE B,et al,2000. Patterns of CO_2 exchange in biological soil crusts of successional age[J]. Soil Biology and Biochemistry,32(7): 959-966.

ZHANG G H,SHEN R C,LUO R T,et al,2010. Effects of sediment load on hydraulics of overland flow on steep slopes[J]. Earth Surface Processes and Landforms,35: 1811-1819.

ZHANG S Y,LI C,HUANG B,et al,2020. Flow hydraulic responses to near-soil surface components on vegetated steep red soil colluvial deposits[J]. Journal of Hydrology,582.

ZHAO Y G,XU M X,BELNAP J,2010. Potential nitrogen fixation activity of different aged biological soil crusts from rehabilitated grasslands of the hilly Loess Plateau, China[J]. Journal Arid Environment, 74(10): 1186-1191.

ZHAO Y G, XU M X, 2013. Runoff and soil loss from revegetated grasslands in the hilly Loess Plateau region, China: Influence of biocrust patches and plant canopies[J]. Journal of Hydrologic Engineering, 18(4): 387-393.

ZHAO Y G, QIN N Q, WEBER B, et al, 2014. Response of biological soil crusts to raindrop erosivity and underlying influences in the hilly Loess Plateau region, China[J]. Biodiversity and Conservation, 23(7): 1669-1686.

ZHENG Y, XU M, ZHAO J, et al, 2011. Effects of inoculated microcoleus vaginatus on the structure and function of biological soil crusts of desert[J]. Biology and Fertility of Soils, 47: 473-480.